白龟山水库白蚁防治探究

张志军　翟　宇　主编

黄河水利出版社
·郑州·

内 容 提 要

本书以编者多年来的水库运行管理实践和大坝白蚁防治为基础,介绍了白蚁的习性、食物来源、群体发展、分布特点等,堤坝容易产生白蚁隐患的原因分析,堤坝白蚁的防治方法,以及白龟山水库20年白蚁治理情况总结,白龟山水库白蚁防治整体方案,白蚁防治技术的探索,在实际应用中治理效果分析,白蚁防治技术规程的编制等。

本书可供水库、河道堤坝运行管理人员,白蚁防治技术人员参考。

图书在版编目(CIP)数据

白龟山水库白蚁防治探究/张志军,翟宇主编. —郑州:黄河水利出版社,2020.10
ISBN 978-7-5509-2854-1

Ⅰ.①白… Ⅱ.①张… ②翟… Ⅲ.①水库-白蚁防治-研究-平顶山 Ⅳ.①TV698.2

中国版本图书馆 CIP 数据核字(2020)第 234429 号

组稿编辑:张倩   电话:13837183135   QQ:995858488

出 版 社:黄河水利出版社   网址:www.yrcp.com
　　　　地址:河南省郑州市顺河路黄委会综合楼 14 层   邮政编码:450003
发行单位:黄河水利出版社
　　　　发行部电话:0371-66026940、66020550、66028024、66022620(传真)
　　　　E-mail:hhslcbs@126.com
承印单位:虎彩印艺股份有限公司
开本:787 mm×1 092 mm   1/16
印张:8   插页:2
字数:191 千字   印数:1—1 000
版次:2020 年 10 月第 1 版   印次:2020 年 10 月第 1 次印刷

定价:58.00 元

序

　　白蚁是一种最古老的昆虫之一,在地球上生存已有几亿年的历史,是迄今为止最古老、破坏性极大的世界性害虫。"千里之堤,溃于蚁穴"是我国古代劳动人民在治水斗争中对蚁害严重性的传统认识。提及堤坝白蚁危害、堤防溃决,无不深恶而痛绝之。自有堤防以来,即有白蚁危害。约 2 200 年前《吕氏春秋·慎小篇》曰:巨防容蝼,而漂邑杀人;突泄一燎,而焚宫烧积。约 1 100 年前元稹《长庆集》蚁子诗曰:时术功虽细,年深祸亦成。攻穿漏江海,噆食困蛟鲸。敢惮樑梁蠹,深藏柱石倾。寄言持重者,微物莫全轻。以上早期文献无不以白蚁害堤作譬喻充分阐述"慎小节才无大患",亦可见古代堤防普遍受白蚁危害,蚁害不除,后患无穷。

　　白龟山水库作为淮河流域沙颍河水系沙河干流上一座重要的综合利用水利枢纽工程,水库安全直接关系下游 600 万人口、800 万亩耕地和众多工矿企业、重要交通干线的安危。自 2000 年 7 月水库首次发现白蚁以来,河南省白龟山水库管理局聘请国内白蚁防治知名机构及专家现场指导研究,提出了人工普查、无损探测、人工开挖、药物防治等治理措施。河南省水利厅也高度重视,于 2017~2019 年分三次安排专项资金用于白蚁治理,共投入资金 1 500 万元。20 年的治理过程中,在近 20 km 的大坝上,累计挖出白蚁 1 749巢。截至 2019 年年底,经过 29 次普查及治理,极大地遏制了坝体白蚁隐患,为大坝安全运行奠定了坚实基础,也为全省大型土石坝管理单位开展白蚁防治工作提供了技术借鉴。

　　是为序。

河南省白龟山水库管理局局长

2020 年 7 月

《白龟山水库白蚁防治探究》
编 撰 人 员

主　　编：张志军　　翟　宇

副 主 编：王继涛　　陈　磊　　杜玉娟　　丁晶晶

技术审定：王顺利　　郭延峰

编写人员：张　鹏　　李　鹏　　刘　科　　王新涛

　　　　　魏高奇　　张迎春　　王　飞　　徐章耀

　　　　　李德明　　刘芳芳　　亢春鸰　　王俊丹

　　　　　郭晓丹　　陈冬燕　　高　伟　　陈建华

　　　　　张秋霞　　康　璐　　吴晓燕　　李艳平

　　　　　魏韵萌　　张红旭　　田雪平　　孙军华

　　　　　张启帆　　宁金金　　陈何萱　　刘自豪

　　　　　杨延平　　鲁科明　　田扬博　　陈延会

　　　　　典松鹤

目　录

第一章　白龟山水库基本情况

　　白龟山水库位于淮河流域沙颍河水系沙河干流上,平顶山市西南郊,距市中心9 km。水库始建于1958年,1966年8月竣工 。上游有昭平台水库,下游有泥河洼滞洪区,是一座治理沙颍河的综合水利枢纽工程。水库控制流域面积2 740 km²,其中昭平台水库、白龟山水库间流域面积1 310 km²,多年平均降雨量900 mm。水库工程按100年一遇洪水设计,2 000年一遇洪水校核,总库容9.22亿m³,是一座以防洪为主,兼顾农业灌溉、工业和城市供水综合利用的大(2)型年调节半平原水库。

　　白龟山水库大坝分拦河坝与顺河坝 ,拦河坝(主坝)为均质土坝,坝长1 545 m,迎水坡为混凝土砌块护坡,背水坡为干砌石护坡。顺河坝(副坝)坝长18.016 km,迎水坡为块石护坡(干砌),背水坡为草皮护坡,坝后导渗沟与坝脚沟之间又有一定距离的台地。白龟山水库地处亚热带向温带过渡地带,温带季风性气候,年平均气温最低-18~4 ℃,最高气温27.3~27.8 ℃,夏季湿热,冬季干燥,北面为山,南面为平原,附近有许多丘陵和山脉,地形地貌复杂多样,植被环境异常丰富,且坝后沿线紧邻村庄。

第二章　白　蚁

一、认识白蚁

白蚁在地球上已存在几亿年了。它们虽然叫白蚁或"白蚂蚁",但根本不属于蚂蚁,它们最近的亲属是蟑螂。白蚁属于等翅目昆虫,进化系统比较原始,和蜚蠊近缘,有翅成虫的前后翅近乎等长,翅长远远超过身体长度,为至今地球上最古老的社会性昆虫,距今已有2.5亿年的历史。

白蚁的工蚁、兵蚁大多是淡白色或灰白色,触角为念珠状,每节近圆形,且胸腹之间无明显收缩,宽度变化不大。白蚁属不完全变态昆虫,由卵到成虫经幼蚁或若蚁,无蛹期。白蚁的工蚁、兵蚁身体表皮角质化程度不高,体壁柔软,畏光,活动和取食时由蚁路或蚁被掩护,大多数种类眼睛已退化。白蚁主要取食木材和含纤维素的物质,除极少数种类外,一般无储粮习性。白蚁成虫在分飞落地、脱翅后,雌雄才配对交配繁殖,且长期居住在一起,经常交配。

由于白蚁群体和幼蚁体色是雪白的,同时工蚁、兵蚁的体色也较浅,故有白蚁之称。

白蚁是破坏性极大的世界性害虫,其危害面积占世界大陆面积的一半以上,给人类的生产、生活带来了很大的灾难,曾被国际昆虫生理生态研究中心(ICTPE)列为世界性五大害虫之一。目前,全世界已知白蚁有近3 000种,我国已知479种。白蚁分布区约占中国陆地总面积的40%。实地调查结果表明,在我国众多的白蚁种类中,危害堤坝的白蚁主要是黑翅土白蚁(odontotermes formosanus shiraki)、凶土白蚁(odontotermes fontanellus kemner)、海南土白蚁(odontotermes hainanensis light)和黄翅大白蚁(macrotermes barneyi light)。这些白蚁之所以会危害堤坝,是因为它们在堤坝内筑成巨大的蚁巢。蚁巢除直径有时可达数米的主巢外,周围还有几十至上百个大小不等的菌圃。主巢与菌圃间通过纵横交错、粗细不等、底平上拱的蚁道相连,其中一些蚁道则穿透堤坝的内外坡。在水位上涨时,水流便从堤坝临水面进入蚁道,流经主巢和菌圃,再从背水面流出,形成一条贯穿堤坝的通道,最终造成管涌、跌窝、滑坡和坝体溃决。

白蚁虽然形态原始、变态简单,但却有着极其独特的习性。它不仅营巢居地群体生活,而且群体内有不同的品级分化,各品级分工明确,又紧密联系,相互依赖,相互制约,不管群体大小如何,它的阶层职能分明,组织严密,分工具体,行动敏捷,保持统一,使得这一古老的类群得以生存、繁衍,任何脱离群体的白蚁或极少数个体,在天然情况下是无法生存的。白蚁的群体中有繁殖型个体和非繁殖型个体。繁殖型个体包括原始型蚁王、蚁后、长翅繁殖蚁、短翅繁殖蚁、补充型繁殖蚁,专门从事繁殖工作;非繁殖型个体包括工蚁和兵蚁。

原始蚁王、蚁后是群体的创始人,群体里每个品级的个体都是它们生的,蚁后的腹部比身体体积还要大十多倍甚至几十倍,腹部里面装满了卵子,它的任务就是在皇宫里不停地产卵,不停地繁殖后代,使它的王国不断地扩大。蚁后还会不停地分泌一些激素来控制群体里各个品级的行为和平衡各品级的繁殖数量。

由于白蚁具有奇妙而独特的生物特性和对人类造成的严重危害,所以自古以来就引起人们极大的兴趣和注意,故此白蚁被评为"当代生物学的七大奇迹"之一。

二、白蚁和蚂蚁的区别

(1)白蚁属等翅目昆虫,有翅成虫的前后翅几乎等长,翅长远远超过身体;蚂蚁属高等膜翅目昆虫,它的有翅成虫的前翅大于后翅。

(2)白蚁的工蚁、兵蚁多为淡白色,有翅成虫多为褐色或黑褐色,腰为桶状即粗腰;蚂蚁多为棕色、褐色和黑色,腰为哑铃形即细腰。

(3)白蚁属不完全变态昆虫,由卵到成虫经幼蚁期或若蚁期,无蛹期;蚂蚁属完全变态昆虫,由卵到成虫经幼虫期和蛹期。

(4)白蚁(除有翅成虫)畏光活动和取食时有蚁路或蚁被掩护;蚂蚁不畏光,除少数种类外,活动时一般不筑路。

(5)白蚁主要取食木材和含纤维素的物质(吃素),除少数种类外,一般不储粮;蚂蚁食性很广,吃荤,有储粮习性。

(6)白蚁成虫在分飞落地、脱翅后雌雄才能配对交配繁殖,且长期居住在一起,经常交配;蚂蚁在飞行中交配,交配后雌雄即分离,且雄蚁不再起作用。

三、白蚁群体的形成与发展

黑翅土白蚁巢群成熟与发展需要经过几次转移,同时巢位的深度由浅入深,概括起来可分为以下五个阶段:

第一阶段——无菌圃期。雌雄配对入土营巢,初期只有直径 1~2 cm、高 1 cm 的小腔室,随后发展到离地表深从几厘米到 20 cm,此时,巢群只有亲蚁及其产下的几十至一百多个成员。室内配对 68 d,普遍筑有泥被、泥线。配对后,第四个月开始建造菌圃,半年后开剖,尚未发现完整的菌圃。

第二阶段——单菌圃期。小腔室扩大成直径 5~20 cm、高 2~3 cm,有一个饱满而新鲜的菌圃填满小腔室,深度可达 30~40 cm,群体数量 300~500 头。估计建筑 1~2 年以后才达到这种情况。培养一年后,发现有 3.5 cm×3.0 cm×3.0 cm 的菌圃。

第三阶段——多腔菌圃期,有不少空腔。有泥质很薄的小王室,位于最大菌圃下中央,没有或有少数的泥骨架。王室菌圃尚无分层现象,未见若蚁,深度可达 40~100 cm 以上。群体数量少则 5 000 头,多可达 10 000 头以上。年龄已有 4~5 年。

第四阶段——群体成熟期,开始有繁殖蚁、若蚁出现。王室菌圃分层并有泥骨架,王室较大,泥质较厚,不易破碎,大小空腔较多,有时发现有被放弃了的王室。外表分群孔出现,估计群体发展已历时 8~10 年。但是,有时从分飞孔处挖主巢,活捉蚁王和蚁后,也未发现有专门王室的现象,蚁巢深度可达 2~3 m,此时,蚁巢已定型,非特殊情况一般不会再转移。这一龄期可达 10 年之久,这是巢群青壮年时期,群体数量最少有几十万头,甚至可达一二百万头。

第五阶段——群体衰老期。菌圃减少,空腔增多,蚁后产卵少,群体数量亦逐渐减少。

黑翅土白蚁从雌雄配对入土营巢到蚁后衰老死亡,根据现有的研究理论,可得出其生长年限一般为 15~30 年,最长的可达 100 年之久。

四、白蚁巢

白蚁是营巢居生活的昆虫,各种白蚁均有或简或繁的蚁巢,蚁巢是白蚁集中生活的大本营,在白蚁生活中占极其重要的作用。在自然环境中脱离白蚁巢的白蚁是难以长期生存的,而且不同种类的白蚁所筑的白蚁巢的类型和结构差异也很大。

(一)白蚁巢的作用

1. 蚁巢供给白蚁食料

依木筑巢的白蚁及在树木中筑巢的白蚁,主要以纤维素为食料,它们在钻蛀巢腔时即可直接取得所需的食料。实际上也可以说,它们在食料内筑巢。对于培菌白蚁来说,其巢内的菌圃本身以及菌圃上的小白球菌对白蚁有重要的营养价值。

2. 蚁巢保护白蚁群体免受外敌侵害

在白蚁群体内除兵蚁具有较强大的上颚和发达的额腺,具备一定的御敌能力外,其余各品级的个体均比较柔弱,行动迟缓,御敌能力较弱,在暴露情况下易受天敌的吞食。而蚁巢结构严密,如蚂蚁等昆虫及小动物一般情况下不能破巢侵袭白蚁,蚁巢可使白蚁减少天敌的侵害。

3. 蚁巢提供适宜白蚁生活的良好环境

白蚁体壁柔软,对环境的温度、湿度、二氧化碳的浓度等均有严格的要求,而蚁巢能提供保温、保湿、具有一定二氧化碳浓度等适宜白蚁生存的物质基础。蚁巢内湿度、二氧化碳浓度均较高,而且其温度也比外界稳定。

(二)蚁巢类型

1. 木栖性巢

木栖性巢主要包括比较原始的木白蚁科和原白蚁属白蚁建筑的巢,是一类较原始状态的蚁巢。白蚁依木筑巢,蚁巢结果简单,实际上只不过是在木材中钻蛀的一些孔道,孔道往往是近于平行排列的分支机构,而且孔道较细小。其中,有些白蚁专门筑巢于干燥的木材内,如堆砂白蚁属,建筑于干燥木材中。有些白蚁专门筑巢于生活树木的枝干中,如树白蚁属,这些蚁巢完全建筑于木材内,可以与土壤没有任何联系。有的白蚁在接触地面潮湿的朽木中生活。

2. 土木两栖性巢

土木两栖性巢包括鼻白蚁科中一些白蚁类群建筑的蚁巢,白蚁可以在干木,或生活的树木,或埋在土中的木材内筑巢,甚至可以在土中筑巢,它们在木材中筑巢时往往还有通路与湿土相连。

3. 土栖性巢

土栖性巢包括白蚁科的一些白蚁类群建筑的蚁巢,它依土而建,可以在靠近树木的根部,或埋藏在土中的木材,也可以完全不靠近木材而在土壤中。由于其巢位的不同,又可分为地上巢和地下巢两类。

某些白蚁完全在地表下筑巢,地面上不露蚁巢痕迹,如黑翅土白蚁巢、黄翅大白蚁巢等这类巢在地表下深浅不一。

某些白蚁巢可以隆突于地表之上,如云南土白蚁巢等。

4.寄主巢

有的白蚁种类本身不筑巢,而客居在其他白蚁巢内,它们只将所占据的小室隔离,并将蚁路直接引入土壤中。也有一些白蚁本身筑巢,但将蚁巢建筑在其他种类的白蚁巢内。

(三)白蚁巢的结构

散白蚁的巢,蚁后位于较为扩展的部分内;有许多白蚁的巢比较复杂,蚁巢结构上分化较为明显,由几个不同的部分所组成,往往在靠近蚁巢中央部分有一个扁形厚壁的坚硬土腔,专供蚁后、蚁王居住,一般称为王宫和王室。王宫壁上往往有少数小圆孔,与王宫外相通,工蚁和兵蚁可自由出入,蚁王、蚁后除非常情况下有工蚁另辟门径迁移外出,通常一直生活于王宫内,王宫外围常有不同的构造,乳白蚁的王宫外围主要有许多片状结构,呈同心圆形式包围,黄球白蚁王宫位于蚁巢的下部。

有时一群白蚁不止建筑一个蚁巢,而且在相邻地点分散地建筑几个蚁巢,各巢之间有蚁道相通,蚁王、蚁后所居住的蚁巢为主巢,其余仅有其他品级而无蚁王、蚁后的巢称为副巢,大白蚁亚科的巢本身就是由许多分离的腔室组成的,其中在一处的腔室只相当于一个蚁巢,但这类白蚁有时也可在分开的地点建筑多组腔室,分别构成主巢或副巢。

事实上,蚁巢和蚁群一样,也是从小到大发展而来的,同一种白蚁不同巢龄的蚁巢,无论是在大小形态上还是在修建地点位置上都有一定的变化。由一对脱翅成虫修建的最早期的蚁巢只不过是一个小型的腔室,在土壤和木材内的位置一般较浅,以后随着巢群的增长和虫体数量的增加,巢腔逐步扩大,依照种类的特性逐渐出现各种复杂的结构,同时也伴随着位置上的移动,旧巢被放弃而在邻近地点扩建新巢。黑翅土白蚁地下巢移动方向往往由浅而深。

(四)蚁巢的材料

有些白蚁的蚁巢结构极为简单,蚁巢的腔壁上基本上是天然的木材和土壤,至于土栖白蚁和土木两栖白蚁中的一些较复杂的蚁巢,大多是经过白蚁细致加工而筑成的。筑巢原料除去木屑、叶片、草料、土粒外,还夹着白蚁排出的粪粒、分泌的唾液,甚至白蚁的尸体,以及其他一些来源不明的成分。这些完全不同的原料,经过白蚁的巧妙黏合,构成了复杂蚁巢中的各个部分。许多白蚁王宫虽然主要由泥土构成,但质地十分坚硬,与周围土截然不同。

五、白蚁的生活习性

白蚁是一种组织性强、高度分工的昆虫,它的生活始终离不开周围的自然环境。白蚁为了适应环境和生存,有一定的生活规律。

白蚁的生活习性主要包括以下几个方面:①群栖性;②趋暗性;③趋湿性;④整洁性;⑤趋温性;⑥敏感性;⑦嗜好性;⑧分群性。

(一)群栖性

白蚁是一种营巢穴生活的昆虫,不论何种白蚁,都营造巢穴,群体把蚁巢当作大本营。但由于白蚁种类不同,蚁巢结构有简单和复杂之分。庞大的蚁巢,穿掘隧道虽然纵横密布,但均连接若干主干道通往主巢,构成一个整体,蚁群中的蚁王、蚁后常住在王宫和王室。

（二）趋暗性

白蚁畏光趋向于阴暗，过的是隐蔽生活，它外出采食吸水，在地下或木材内部穿掘隧道，即使离开物体，然后到另一处取食点，也要事先筑好泥管式或泥被式通道，与外部光亮隔绝。

（三）趋湿性

白蚁的生活对水的要求极其重要，如果离开了水是活不下去的，黑翅土白蚁本身含水量79%。白蚁取得水分有多种形式：①白蚁直接从水源处取得水分；②从土壤、木材中取得水分；③在白蚁新陈代谢的产物中得来；④蚁巢特殊结构有吸取空气中水分的功能；⑤白蚁通过体壁的渗透作用，得到周围空气中的水分。所以，白蚁巢内一般都保持有高湿度且稳定水平。

黑翅土白蚁的主巢腔内空气温度相对高，其湿度达到95%～100%，"王宫"菌圃和周围泥土相当湿润，用手摸要湿手，连泥一起拿会粘手。所以，在久旱无雨的天气，白蚁在堤表的泥被或泥线就很少见，因修筑泥被或泥线需要大量的水分，一旦下雨，坝堤表面泥被、泥线则会突然增多。

（四）整洁性

白蚁有一种整洁特性，白蚁群个体间相遇时互相清洁，且互相喂食，彼此还吞食同类的尸体，及时搬走粪便和脱皮等排泄物。因此，在正常情况下，蚁道中是看不到死白蚁和废物存留的，即使是吃不光的头壳，它们也要埋进隧道周壁。所以，白蚁的蚁道、蚁巢或白蚁的身体，都是十分清洁的。

（五）趋温性

白蚁和其他昆虫一样，也是变温动物、喜温性昆虫，气温的高低是影响白蚁分布的主要因素，不同种类的白蚁对温度的要求也有显著差别。

黑翅土白蚁的主巢能够控制温度、湿度，是通过多种途径来达到此目的的：一是建巢很深，1～2 m深度的土壤里，容易保持温度和湿度。二是它们要呼吸代谢，要放出热量，这个可以增加它的热量。三是通过许多蚁道系统，菌圃里面的微生物，它们也呼吸代谢，也产生热量。因此，在夏季当巢温过高时，白蚁分散在菌圃中，打开各个蚁道口，将热量散发出去，冬季刚好相反，巢体内部温度控制得比较好，巢体内部温度通常保持在24～26 ℃。

春季，当平均气温尚在10 ℃时，白蚁一般只在地面隐蔽物下活动；平均气温升到15 ℃时，白蚁地面活动显著增加；平均气温接近20 ℃时，最高气温在25 ℃时地面活动频繁。土温低于10 ℃或高于30 ℃时，都不适宜土栖白蚁修筑泥被、泥线。

（六）敏感性

白蚁对外界干扰反应十分敏感。当撬开蚁道内缺口透光后，兵蚁即刻上前张开上颚，工蚁则忙于修补，如果把一个小的枝条插进隧道中，大量兵蚁钳咬，在枝条上分泌液汁，工蚁紧张地用泥粒裹住枝条上，直到隧道塞紧封闭为止。工蚁则忙于堵道，兵蚁也来回奔跑，经常停下来把身躯前部向前倾斜震抖，并用上颚连续敲击而发出"哒、哒"的信号，这个时候巢内的白蚁受惊，异常骚乱，所以开挖蚁巢时如果拖延时间，整巢的白蚁会很快地转移到其他地方。

（七）嗜好性

白蚁食谱中，纤维素占很大比重，是白蚁自身及其群体营养和能量循环的主要来源。

性味甘甜芬芳,含纤维素、半纤维素和木质类的干枯植物对黑翅土白蚁有强烈的引诱效果。这些食物概括起来有三大类:干枯植物、活体植物、真菌类。

(1)干枯植物。这些植物包括:茅草、绊根草、苜蓿草、马鞭草、香蒿、菌陈蒿、麦枯草、苍田草、芦苇杆、野枸杞、苣荬、苍耳、律草、野菊,以及枣、松、桑、竹及干枯牛粪等,只要是含纤维素、半纤维素和木质类的干枯植物,皆取食之。

(2)活体植物。黑翅土白蚁取食各种植物的根、茎,尤其是幼苗的嫩茎及根部,如杉、槠、楹、桑、林木、玉米茎、高粱茎、小麦、棉花、红薯、南瓜、花生等作物,白蚁还嗜好粮类和酒精类的东西。

(3)真菌类。黑翅土白蚁与真菌有共生的关系,黑翅土白蚁的分泌物及排泄物在巢内用特殊方式培育菌圃,并啃食菌圃及小白球菌作为特殊营养物质,从中获取丰富的蛋白质、核苷酸和各种维生素及微量元素。

(八)分群性

白蚁的传播,主要靠羽化分群,黑翅土白蚁幼年巢发展到成年巢,必须经过5年以上的发展过程,才能形成成熟巢,出现有翅成虫分化现象。

六、黑翅土白蚁分布和活动的主要特点

黑翅土白蚁分布和活动的主要特点有隐蔽性、广布性、群栖性、喜湿性、怯光性、扩张性、迁移性和再生性,概括为"八性"。

(一)隐蔽性

隐蔽性是指其活动隐秘,黑翅土白蚁巢穴的埋深一般为2~5 m,最深可达9 m。黄翅土白蚁的主巢离地面较浅,但一般也在地面以下1 m左右,故不易被人发现。

(二)广布性

广布性是指其地域分布十分广阔,我国除黑龙江、吉林、内蒙古自治区、宁夏回族自治区、青海、新疆维吾尔自治区外,其他省(市、自治区)均有分布,其最北可至辽宁丹东、北京一带,西南可至西藏墨脱一线,分布面积约占我国陆地面积的2/5。

(三)群栖性

群栖性是指其喜欢集群生活,每群白蚁少则数千只,多则可达200多万只,成熟的群体一般均在几十万只左右。为满足其栖息、储存、摄食、繁衍之需,除主巢外,还经常筑有大量副巢(卫星巢)和菌圃(粮仓)。

(四)喜湿性

喜湿性是指其营巢选择的土质除要满足酸、黏、实、深外,还需有一定的湿度,其最适合的含水量为14%~30%,同时要求临近水源、食物。

(五)怯光性

黑翅土白蚁和其他白蚁一样,除繁殖分飞季节繁殖蚁有明显的趋光性外,长期的隐居生活,使它十分惧怕阳光,眼睛、翅膀也已明显退化,连外出觅食也必须先用湿润的黏土构筑蚁路,以免失水死亡。

(六)扩张性

扩张性是指其具有十分强的繁殖能力和扩张能力。据有关资料报道:一只蚁后每秒

即可产 1 粒卵,一昼夜可产卵 8 000~10 000 粒,高的可达 36 000 粒,由于蚁后的寿命一般可达 15~30 年(最长可达 100 年),据此推算,其一生可产卵 5 亿粒左右。

(七)迁移性

每年 5~6 月和 8~10 月是黑翅土白蚁繁殖分飞的季节,交尾后,新的蚁王、蚁后就率子民迁居他处,落地 10~15 d,蚁后可开始繁殖并迅速发展成为一个新的蚁群,4~5 年就能危及土质堤坝的安全。

(八)再生性(重复入侵性)

白蚁经扑灭后,只要防治的药物过了有效期,土栖白蚁就会卷土重来,再度入侵,所以防治白蚁工作必须持之以恒,常抓不懈。

七、堤坝容易产生黑翅土白蚁的原因分析

我国现有 98 700 多座水库、600 多万个山塘和上百万千米的堤防中,90% 以上均为土质堤坝,其填土料都比较密实、均一,其干密度一般都在 1.4 kg/cm³ 以上,含水量一般都在 14%~30%,其填筑材料一般为黏土和粉质壤土。黑翅土白蚁的生态条件必须具备三个基本因素,即土、水和食料,三者缺一不可,条件差一点就会影响其自身发展。白蚁对土质的要求有五个方面,即酸、黏、硬、深和润。酸性土最适宜,中性土 pH = 7 次之,这对菌圃微生物生长有利。黏性土是土栖白蚁构筑蚁路的重要材料,既能保温、保湿,又能防渗、防燥。硬实土筑巢比较安全牢固。深土能屏蔽地面气温干扰,3 m 深的土层土温四季能恒定在 15~18 ℃,有利于菌圃培养真菌食料要求。潮润土含水量在 14%~30%,有利于保持巢内温、湿度的稳定。蚁体的含水量在 80% 以上,白蚁吞食的纤维素也要通过酶的水解才能转化为葡萄糖。同时,培养真菌食料的菌圃,也必须保持一定水分,使真菌在一定的温、湿度条件下繁殖。一般土质堤坝坝坡均为草皮护坡,即使是干砌块石护坡,其缝隙中也会长出茎草,这些都是土栖白蚁喜食的食料。

正因为堤坝具备了土栖白蚁生存的这些基本要素,才使得它们在堤坝内繁衍生息,不断扩大,清除不净。

大坝产生土栖白蚁的原因大概有以下五个方面。

(一)留下来

建造堤坝前,为清除堤坝基础内的白蚁巢穴,给堤坝留下了蚁患,这些情况比较普遍,占蚁害水库的 80% 以上。

(二)飞下来

在白蚁分飞季节(5、6 月),由于堤坝周围夜间灯火明亮,容易将附近山坡和田野中白蚁有翅成虫吸引到堤坝上来,在堤坝内创造新群体,营巢繁殖。

(三)钻进来

由于土坝生态环境的优越性,堤坝周围的老蚁群蔓延迁到坝内定居。

(四)招过来

经常在堤坝上晒柴草、堆放木材等,事后又不及时清理,再加上有的水库在堤坝的下游种植白蚁喜食的树木,这些容易人为地导致白蚁危害。

（五）坝下田间坟墓

坝下田间坟墓对平原与半平原水库来讲是白蚁的主要来源。

总之，堤坝白蚁来源广泛，堤坝本身又具备适宜土栖白蚁生活的条件，白蚁一经滋生，就迅速蔓延，对工程安全造成严重的威胁。

八、堤坝白蚁的基本防治方法

白蚁防治的基本方法从大的方面讲有四种：①生态防治法；②生物防治法；③物理机械防治法；④化学防治法。

（一）生态防治法

生态防治法是指在水利工程开工前、施工中、竣工交付使用的长时间内和一系列的种植业工作中，根据白蚁的生态条件，采取各种必要的措施或开展各项活动，创造不利于白蚁孳生的生态环境，使土质堤坝免遭白蚁危害的一种防治方法。

堤坝附近的丘陵、山岗、荒地、坟墓等是白蚁"安营扎寨"的重要基地，也是传播堤坝白蚁的主要来源之一。若堤坝上的蚁害得到有效控制，巩固已取得的成果，迅速消灭白蚁孳生地尤其重要。

只有坚持不懈地对堤坝附近 500~1 000 m 范围内白蚁孳生地实行"积极围剿"，才能有效地控制堤坝周围白蚁对堤坝的传播，巩固堤坝的防治成果。

（二）生物防治法

生物防治法是以自然界存在的种间斗争和白蚁与真菌的关系为基础，利用白蚁的天敌来防治白蚁和利用真菌指示物找巢的一种防治办法。

利用生物防治堤坝白蚁，既能克服化学农药对人畜不安全的弊病，又能保持生态平衡，而且对堤坝白蚁新建群体有一定的抑制作用。自然界中普遍存在白蚁的天敌生物，如能积极保护并加以利用，可取得一定的防治效果。

1. 利用天敌

堤坝白蚁繁殖季节，鸟类、蝙蝠是空中捕食有翅成虫的主要天敌。据记载，土栖白蚁的巢穴往往受到穿山甲的攻击。穿山甲可由黑翅土白蚁蚁巢的分飞孔、泥被和泥线追寻蚁巢的蚁道，直捣蚁巢核心部位。据报道，巢外捕食性天敌有 21 科 30 种。脊椎动物以蟾蜍、姬蛙、泽蛙等无尾两栖类的种类为最多；无尾椎动物则以蜘蛛类最为丰富。已鉴定的 19 科 46 种中，优势种有 6 科 12 种，翅尾隐翅虫、步行虫、蚂蚁、螳螂等昆虫也是优势种类。

2. 利用微生物

螨类、线虫、白僵菌、黄曲霉、病毒等是堤坝白蚁的克星和致病微生物。巢内寄生螨可寄生在白蚁躯体各部位，吮吸白蚁体液，直至白蚁死亡。黑翅土白蚁非包涵体病毒可望制成生物制剂用于杀灭危害堤坝的土白蚁层的白蚁。黑翅土白蚁感染病毒初期，工蚁、兵蚁表现行为迟缓，食欲减退，随着病毒进展表现出身体筛抖，爬行盲目，工蚁腹部肿胀变黑，兵蚁则头、胸部呈黄红色，腹部干瘪。最后体朝天或侧身倒地抽搐而死，死后触角及六肢卷曲。

（三）物理机械防治法

物理机械防治法是利用人工、器械和光、热、电、声、波等物理能来防治白蚁的方法。

1. 挖巢法

挖巢法指跟踪蚁道,挖掘主巢,是防治堤坝白蚁的重要方法之一。

2. 诱杀法

灯光诱杀有翅成虫。为防止白蚁新群体在堤坝上筑巢和繁殖,在有翅成虫分飞季节(每年 5~6 月),利用成虫的趋光性,设置灯光进行诱杀。

3. 建物理屏障阻止白蚁穿越

很多的研讨表明,白蚁搬不动直径大于 1 mm 的砂粒。砂粒直径越大,砂粒间的空地也越大。当砂粒直径不小于 3 mm 时,砂粒间的空地足以让白蚁匍匐经过。因而,砂粒巨细适宜是砂粒屏障法成功的关键,砂粒不能太大也不能太小,其直径应在 1~3 mm。磨碎的火山灰,只需其尺寸巨细适宜,有关专家以为也可用于砂粒屏障。

将粒径巨细适宜的砂粒,构成一道砂粒屏障,就能有效地阻挠地下白蚁的侵入。砂粒铺好后,还须将砂粒夯紧,以增加砂粒屏障抗白蚁穿透的强度,因为白蚁很容易从窄至 0.8 mm 宽的缝隙中经过。还有网孔小于 0.5 mm 的不锈钢网,防水的沥青薄膜等也都可以阻断白蚁通道。

4. 生物物理学法

生物物理学法指利用高频和微波灭蚁,放射性同位素示踪查蚁道,利用声频探巢,用探地雷达探测白蚁巢穴等。

(四)化学防治法

利用各种有毒的化学物质——药剂,通过一定的方法,直接接触白蚁虫体,或者处理栖息、孳生场所、危害对象,使白蚁接触或吞噬药剂而中毒死亡,或者因此而产生击毙作用而不能侵入危害。它的特点是见效快、效率高,使用方法简便,受区域性的限制小。

1. 防治白蚁药剂的剂型

防治白蚁药剂的剂型有粉剂、可湿性粉剂、乳剂、水剂、油剂、片剂(锭剂)和烟剂。

2. 防治白蚁药剂的使用方法

防治白蚁药剂的使用方法有喷粉、喷液、压注、熏蒸、压烟、涂刷、浸渍、食诱药杀法、跟踪激素诱杀法、毒饵诱杀、建毒土带、浸种浸苗、浇注、注含药泥浆、防蚁药带包裹。

综上所述,防治土栖白蚁的方法很多,但有些实施起来有极大的局限性和技术难度。在实践中,多采用简便易行的办法,概括起来主要有 6 种:防、挖、灌、熏、毒和改。

防——预防。如为新建堤坝必须加强两头山坡、山包的白蚁灭杀工作,以防白蚁潜伏下来,成为侵袭坝体的"黑客",也可设置封锁沟、毒土铺盖和毒土墙以防止土栖白蚁入侵;也可在筑坝时,为堤坝穿上一条"防护衣",即在堤坝周边建造物理和化学药剂综合性、长效性的严密的屏障,以防白蚁从外地飞迁入侵。

挖——采用斩草除根和擒贼擒王的办法在堤坝上挖巢,搞一锅端。由于本办法常常要伤筋动骨,既耗时耗力,又投资较大,同时拉扯的时间也比较长。此办法是目前最古老的办法。

灌——是结合堤坝的除险加固工程,采用劈裂灌浆、压力灌浆,灌浆时在浆液中添加一定比例的灭蚁药物,或用套井毒土回填的办法进行灭蚁堵漏。这也是目前较常用的一种方法。

熏——用低毒高效的灭蚁药在白蚁洞口进行熏杀,如在白蚁繁殖分飞季节大面积喷药,还可用黑光灯诱杀。

毒——常用的办法有毒饵棒、毒饵包、诱杀坑、监测诱杀装置等,前者可塞入白蚁进出频繁的蚁道口;后者则可在白蚁出没的地点埋设白蚁喜食的饵料,饵料中加入非趋避性的胃毒传染性强的药剂进行诱杀。本办法一般可清除和药杀半径 50~100 m 内的活动白蚁。

改——指改变坝型或结构。

白蚁防治是一项技术性很强的工作。白蚁防治应以科学技术为依托,不断提高白蚁防治工作的科技含量,通过配备专业化程度高的防治器械和设备来提高防治水平;同时,要加强害虫综合管理理论在白蚁防治领域的应用研究,以达到综合利用各种防治技术控制白蚁种群处于经济危害水平以下的目的。

九、堤坝白蚁的常用灭治方法

寻找到土栖白蚁的蚁道及蚁巢后,就要着手对白蚁进行灭治,其灭治的方法概括起来有 7 种:①挖巢灭蚁;②熏烟毒杀;③熏蒸毒杀;④灌注毒杀;⑤药物诱杀;⑥锥灌灭蚁;⑦"三环节,八程序"法。

(一)挖巢灭蚁

跟踪蚁道,挖掘主巢,是灭治堤坝白蚁的重要方法之一。在实践过程中,除需要掌握蚁道的变化特点外,还要随时判断蚁巢的方位,同时还有一些非常具体的问题需要格外注意。

找出蚁道后,需用细枝条插入,以探测蚁道方向,在挖掘中要逐段探测跟挖,切忌前低后高,避免土粒堵塞蚁道而迷失方向。在挖掘过程中,如发现近巢特征或见到主巢(王室菌圃),要迅速扩大挖面,将主巢周围深挖,切断蚁道,使主巢悬立其中,这样可以防止蚁王、蚁后搬迁逃跑。

黑翅土白蚁的蚁王、蚁后终生居住在王室中,它们对外界的震动却反应敏感,特别是挖到离主巢不远时,它们往往会令工蚁扩开王室而逃跑。蚁王、蚁后逃跑的地方,大都在主巢周围或向底部倾斜的蚁路及菌圃内。据观察,逃跑时,通常是蚁王先逃,而蚁后腹大难行,往往由工蚁、兵蚁簇拥移动,移动的速度每 24 小时 50 cm 左右,开挖天数 1~6 d,王后逃跑距主巢 50~275 cm。挖掘蚁巢,不但耗资力,如果让蚁王、蚁后逃跑,几年内又会卷土重来,所以堤坝历年来就有"王后不灭,蚁患不息"的警句。

在寻找蚁道的过程中,如果迷失了方向,可采用两种补救办法:一是停止追挖,冷静分析周围环境条件,凡是有怀疑的地方都可补挖,找出主蚁道;二是停止追挖,把周围的浮土清干净,等候半天,甚至 1~2 d,等待发现新的地表特征后再重新追挖,仍然可以找到主蚁道。有时出现无数条错综复杂的蚁道,难以准确地判断巢向,就要结合堤坝白蚁的分布规律和近主巢方向的蚁道特点,进行具体分析,做出准确判断,以免造成不必要的浪费。

(二)熏烟毒杀

向主蚁道内熏烟毒剂灭杀白蚁是一种经济、简便、省工、省时的办法。对于蚁患多、来不及处理的堤坝或蚁源孳生地是一个较好的应急措施。

堤坝常用的烟雾剂的配方:研制出来的许多化学烟剂或中草药剂效果都比较理想。一般烟熏用量为一巢 0.5~0.75 kg,闷杀 3~5 d,白蚁即全巢覆没。

(三)熏蒸毒杀

熏蒸毒杀方法同熏烟毒杀,不同之处是采用的药剂不同。熏蒸毒杀采用的熏蒸剂为硫酰氟与磷化铝。每个巢群用药 0.5~1.5 kg,2 d 以上可杀死全巢白蚁。

(四)灌注毒杀

灌注毒杀有两种方法:一种是灌药液毒杀,另一种是灌药液泥浆。

(1)灌药液毒杀指直接向主蚁道灌注农药的稀释液,杀死蚁巢白蚁。

药剂的种类为高效低毒的灭杀剂,按照药剂说明准确配比。

(2)灌药液泥浆指采用灌注毒泥浆的方法既杀灭了白蚁,又充填了堤坝内部的裂缝、蚁道、空腔、蚁巢,提高了堤坝的抗洪能力。

常用的药液泥浆中灭蚁药液是高效低毒的灭杀剂,按照药剂说明准确配比。泥浆中水、土的重量比为 2:1,黄泥浆的相对密度以 1.25~1.30 为宜。

(五)药物诱杀

药物诱杀是采用灭蚁药物以诱杀白蚁的一种方法。根据白蚁相互舔吮以及工蚁喂食等习性,以白蚁喜食的食物为诱饵,引诱白蚁取食,然后将传染性的灭杀药物均匀地喷洒在白蚁身上,或者把白蚁喜食的植物与灭杀药物混合制成毒饵,投放到有白蚁经常出没的泥被、泥线、分群孔或蚁路内,再用树皮、瓦片或厚纸等物覆盖,使白蚁取食后,通过药物传递,10~20 d 可达到使白蚁全巢死亡的目的。

药物诱杀堤坝白蚁的操作方法简单,用药量少(药剂量不超过 0.5 g/巢),自然环境不受污染,安全可靠,成本低,效果好,是目前毒杀剂中较理想的药物。

(六)锥灌灭蚁

锥探灌浆是不开挖处理堤坝内部各种隐患的一种综合治理的有效措施。利用机械压力使泥浆通过管道、钻孔注入堤坝内,充填白蚁巢穴乃至蚁道,将白蚁消灭。这种方法还能大量处理堤坝裂缝、獾洞及其他隐患,增加土坝密实度,加固坝体,以达到恢复堤坝整体性及防渗性的目的,提高堤坝的抗洪能力。

泥浆的水土重量比为 1:0.8~1:1.5,压浆机械使用压力通常为 60~80 kPa。每灌一处要一气呵成,中途不能停顿,直到泥浆灌满。

(七)"三环节,八程序"法

"三环节,八程序"法是广东省水利厅白蚁防治中心经过长期实践研究总结形成的新技术,其具体内容是:

第一环节:找、标、杀。

找——找堤坝白蚁外露特征:泥被、泥线和分群孔。

标——将找到的特征标志起来,以免丢失。

杀——投饵药杀。

第二环节:找、标、灌。

找——投药杀后,找出堤坝表面的死巢指示物:碳棒菌。

标——将死巢指示物标注起来。

灌——对死巢进行灌泥浆(无须加农药)填洞、固坝。

第三环节:找、杀(防)。

在堤坝周围 400 m 以内的蚁源区,见蚁投饵杀死白蚁,能有效地控制蚁源区的白蚁有翅成虫飞进堤坝定居筑巢,可形成堤坝周围 400 m 内无白蚁的环境。

第三章　白龟山水库白蚁治理情况

一、白龟山水库初次发现白蚁

2000年6~9月,白龟山水库流域降雨量为1 180.3 mm,较多年平均值偏高118%;库水位最高时达103.36 m,最低时为97.65 m(死水位97.50 m)。由于水库大坝区处在除险加固阶段,要求库水位不能超过101.00 m,再加上水库多年来一直处于干旱季节,因此库水位一直处于回落状态。2000年汛期库区遭遇了近20年来罕见的大雨,致使库水位猛涨,泄洪闸频繁开启泄洪。据统计,6、7、8三个月流域平均降雨量940 mm,入库水量15.81亿 m³,防洪弃水13.89亿 m³,泄洪闸最大泄量达1 500 m³/s,仅次于1975年的3 300 m³/s,期间最大日降雨量达256 mm。

因暴雨强度大、历时长,水库工程多处遭遇险情,坝坡出现渗水、集中漏水、塌坑等。7月4日雨中检查时,在桩号顺河坝10+000处发现塌坑一处,其面积达40多 m²,由于当时正值大汛,库水位较高(102.77 m),降雨强度又比较大,不便开挖,因此只做了临时的紧急处理,并在邻近的另一小塌坑内挖出白色蚂蚁,其数量之多是非常罕见的。由于当时水库技术人员对白蚁并不了解,只是听说有白蚁存在,对其形态未亲眼见过,再加上也无这方面的资料和书籍,因此水库便派技术人员将挖出的标本送往河南省水利厅,让有关专家进行鉴定,通过鉴定最终确定为白蚁。至此白蚁成为白龟山水库堤坝重大隐患之一,也是白龟山水库大坝管理维护的新课题。

在抢修塌坑过程中无意中发现的白色小蚂蚁见图3-1。

(a)　　　　　　　　　　　　　(b)

图3-1　抢修塌坑过程中无意中发现的白色小蚂蚁

自2000年7月发现白蚁以来,水库领导即对白蚁重视起来,经与河南省水利厅介绍,聘请了国内在白蚁防治方面有知名度的"湖北省罗田县白蚁防治研究所"有关专家,两位专家到水库后,对拦、顺坝进行了认真的普查,确定水库顺河坝白蚁为黑翅土白蚁,且在顺坝 0+200 至 15+300 大量存在且密度很大。

2000 年 9 月普查完后,在专家指导下开始在堤坝开挖白蚁,具体见图 3-2~图 3-4。

图 3-2　2000 年 9 月 6 日第一次开挖　　　　图 3-3　第一次挖到的白蚂蚁主巢

第一年开挖治理挖出蚁王蚁后 56 对,其中一王一后 53 对,一王二后 3 对,共挖出副巢 2 100 余个,其中最大的主巢在 1+500 处,主巢洞高 1.7 m、宽 1.0 m。从挖出的蚁后形态来看,其龄期已在 30 年以上。挖出的 30 年以上龄期的蚁后见图 3-5。15~20 年龄期的蚁后见图 3-6。黑翅土白蚁的王台见图 3-7。主巢上的分飞蚁见图 3-8。

图 3-4　主巢:0.8 m×0.8 m×0.3 m　　　　图 3-5　30 年以上龄期的蚁后

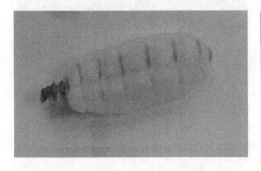

图 3-6　15~20 年龄期的蚁后　　　　图 3-7　黑翅土白蚁的王台

图 3-8　主巢上的分飞蚁

2001 年在汛前和汛后进行了两次白蚁挖巢治理,水库工程技术人员也开始自觉学习白蚁挖巢治理。2001 年,在专家的带领下共挖出蚁王蚁后 96 对,其中一王一后 86 对,一王二后 8 对,一王三后 1 对,一王四后 1 对;当时水库自己组建的队伍共挖出蚁王蚁后 79 对,均为一王一后。

当年治理的范围在顺坝桩号 0+000~15+000 段,并延伸到导渗沟以内的台地及岸坡上。

2002 年 4 月 10~19 日,在两名专家的指导下,对顺坝桩号 0+000~8+000 段,首次采用钻孔灌药措施(药物治理)。其方法为人工用 20 mm 粗、1.5~2 m 长的钢锥在堤坝背水坡钻孔灌注药物,孔距 2 m,深 0.5 m,布局呈梅花形,钻好孔后,将配制好的灭蚁药物(粗砂掺灭蚁灵按一定的比例配制)灌入孔中,并封闭孔口。2003 年、2004 年的开挖治理中,在药物治理区域挖出好多空巢,有些巢穴已经发霉,据分析,有极大可能与 2002 年的药物治理有关。顺坝 1+500 处最大蚁洞见图 3-9。

2004 年 4 月 11~16 日,工管科(现为水库管理处)组织相关人员在顺坝桩号 0+000~8+000 段的堤坝背水坡投放灭蚁药物——华水 3 号(特米驰)(武汉科联害虫消杀有限公司

图 3-9　捉住蚁王、蚁后的主巢空洞

制造)。此药物是湖北省罗田县白蚁防治研究所专家 2003 年带入水库,当年未投放。其方法是人工投放,投放间距 2 m,布局呈梅花形,投放到坝坡草皮的下方。由于该批药物放置时间比较长,部分药已失效并发生了霉变,治理效果不理想。在 2007 年 4 月,工管科组织相关人员在顺坝桩号 0+000~8+000 段的堤坝背水坡又一次投放灭蚁药物——华水 3 号,此次投放产生了一定效果;在 2009 年治理中,1~2 年期蚁龄的白蚁很少。

　　在 2004 年与河南省水利科学研究所联合,采用地质雷达探测仪对大坝蚁害进行了探测试验。这次试验是在顺坝桩号 3+300～3+500、6+500～6+600、8+300～8+450 三段坝坡上进行的,共探测面积为 1 万多 m^2,挖出蚁王蚁后 3 对,其中一王一后 2 对,一王二后 1 对。地质雷达探测坝体蚁患是第一次在水库大坝上应用,因经验不足,效果不理想,2010 年与河南省水利科学研究院重新联合进行地质雷达探测坝体蚁患技术研究,因为准备时间长,且探测设备有了较大更新,2015 年通过了专家鉴定。

　　2006 年,经河南省白龟山灌溉工程管理局党委研究决定成立白龟山水库白蚁治理研究小组,设在工管科,白龟山水库开始有了专业的白蚁防治机构,且在这一年挖出了经典的一王七后(见图 3-10)。

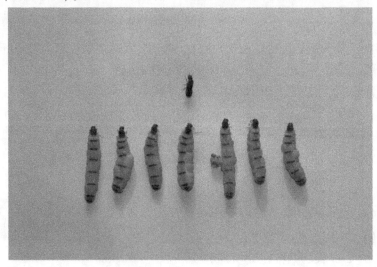

图 3-10　经典的一王七后

　　2007 年,白蚁小组研究,选定对 0+000～3+000 段三年重复治理,但是 2008 年因为一些因素没有进行,2009～2011 年继续。三年共挖出 212 对白蚁,在 2011 年一年两次治理中,开挖出的巢穴较少,全年挖出 48 对白蚁。现场实施人员还反映,白蚁迹象不太好找,证明重复治理,白蚁隐患可以得到有效控制,但是白龟山水库坝体长,治理方案投资太大。

　　白蚁治理新方法的引进和探索,是当时面对的主要问题,分飞期喷药和灯光诱杀不适合水库。因为水库大坝紧邻村庄,埋诱杀包害怕小孩误食,经白蚁研究小组决定,把白蚁生物防治作为一个新的研究方向,2013 年即与河南省水利科学研究院合作,对多种植物筛选后,确定香根草为试验主体,香根草的根有一定的香味,此香味有杀菌消毒作用,白蚁对气味环境要求高,是否可用香根草做一道白蚁生物屏障有待试验验证。随后在 1+000～1+300 段种植了 200 多 m^2 香根草,但是经过 2 年的检查,效果不是很理想。分析原因有多种,但是试验继续进行,逐步排除,通过大量数据采集和对比,香根草根部产生的挥发物质对黑翅土白蚁的趋避作用很小,黑翅土白蚁短时间不适应,但是在一定时间内可通过香根草的防护区活动,证明黑翅土白蚁对环境的适应性逐步提高。黑翅土白蚁对香樟树的喜食性很强,这一点说明一些驱虫的挥发性物质对白蚁趋避性有待试验验证。

　　2002 年,在顺河坝 0+000～8+000 段采用过钻孔灌药的防治方法,孔内用的药物为灭蚁灵,防治效果挺好。但是随着国家对农药的管理力度的加大,高毒低效的杀虫药被国家禁用,所以在药物选择上有了很大的局限性。最近,国内加大对白蚁防治药物的研制开发,一些低毒高效的防治药物和生物药剂广泛使用,使白蚁的药物治理有了进一步的研究方向。2014~2016年,与重庆友利水利工程白蚁防治研究所(水利部推荐比较好的堤坝白蚁治理单位)合作,对0+000~6+500段、10+000~12+500段进行了坝体药物治理,效果良好。主要是对周边的村庄和水源没有影响,这是应主要考虑的安全问题,且灭杀白蚁也有一定效果。

2017年,河南省水利厅对全省水库进行了一次白蚁大普查,发现大部分水库都存在白蚁,且隐患程度不低,河南省水利厅准备通过几年时间对本省内的堤坝白蚁隐患全面治理。白龟山水库根据十几年的治理经验,编制了一套适合堤坝白蚁隐患防治的综合治理方案。经河南省水利厅批准,首先在白龟山水库实施。开始了白龟山水库白蚁防治隐患新篇章。2017~2019年的综合治理,共挖出418对白蚁,治理面积100多万 m²,经复查,堤坝白蚁活动迹象大大减少。

二、白龟山水库历年来对白蚁的普查及治理

自2000年7月发现白蚁以来,白龟山水库即对白蚁开始重视起来,从初识到认知经历了数年之久,也积累了不少的探查和防治经验。

从初次发现白蚁,水库即请来了湖北省罗田县白蚁防治研究所有关专家对水库拦、顺坝及附属工程进行了认真的普查和治理,截至2019年年底,共治理了29次,下面分述如下:

(1)第一次普查及治理:从2000年9月20日至11月27日。

该次普查及治理主要是在湖北专家的指导下进行的。经普查,共发现白蚁131处,普查后组织沿库民工用了两个月的时间对检查出的活动迹象进行了追挖和药物喷杀处理。这次治理共挖出蚁王蚁后56对,其中一王一后53对,一王二后3对,共挖出副巢2 100余个,其中最大的主巢在1+500处,主巢洞高1.7 m、宽1.0 m。

此次普查发现从顺坝桩号0+200~15+300均有白蚁活动迹象。从挖出的蚁后形态来看,据湖北专家讲,其龄期已在30年以上。

(2)第二次普查及治理:从2001年3月19日至4月24日。

该次普查及治理主要是在湖北专家的指导下进行的。共分两组进行实施挖巢,一组在专家的带领下进行,共挖出蚁王蚁后46对,其中一王一后43对,一王二后3对;另一组在工管科技术人员的带领下进行,共挖出蚁王蚁后73对,均为一王一后。

(3)第三次普查及治理:从2001年10月10日至12月2日。

该次普查及治理主要是在湖北专家的指导下进行的。该次也分两组进行,专家组共挖出蚁王蚁后50对,其中一王一后43对,一王二后5对,一王三后1对,一王四后1对;工管科共挖出6对,均为一王一后。

该次治理的范围在顺坝桩号0+000~15+000段,并延伸到导渗沟以内的台地及岸坡上。

该次开挖出现了一个很大的特点,即绝大部分蚁王、蚁后均不在主巢及王台内,基本

上都在王台周围的蚁道内。据专家分析,这个特点主要是天气干旱、气温持续偏高、大坝坝段加固施工、机械振动等几个方面因素引起的。

(4)第四次普查及治理:从 2002 年 4 月 10 日至 4 月 20 日。

该次普查及治理不但是在湖北专家的指导下进行的,还是分为两组进行的。其中,专家组挖出蚁王蚁后 7 对,其中一王一后 6 对,一王二后 1 对;工管科挖出蚁王蚁后 3 对,均为一王一后。

(5)第五次普查及治理:自 2002 年 10 月 16 日至 12 月 29 日。

该次普查及治理全部由工管科白蚁治理专业队伍自身单独完成。本次共挖出蚁王蚁后 40 对,均为一王一后。

(6)第六次普查及治理:自 2003 年 11 月 13 日至 11 月 27 日。

该次普查及治理全部由工管科白蚁治理专业队伍自身单独完成。本次共挖出蚁王蚁后 7 对,均为一王一后。

(7)第七次普查及治理:自 2004 年 4 月 19 日至 5 月 21 日。

该次普查及治理全部由工管科白蚁治理专业队伍自身单独完成。本次共挖出蚁王蚁后 12 对,均为一王一后。

在这次开挖过程中,许多巢内没有发现蚁王、蚁后,其具体原因还不大清楚,有些巢内竟连幼蚁也没有发现。

(8)第八次普查及治理:自 2004 年 10 月 19 日至 12 月 9 日。

该次普查及治理全部由工管科白蚁治理专业队伍自身单独完成。本次共挖出蚁王蚁后 34 对,均为一王一后。

自 2004 年 10 月 19 日至 12 月 8 日,河南省水利科学研究所到白龟山水库采用地质雷达探测仪对大坝蚁害进行了探测试验。这次试验是在顺坝桩号 3+300～3+500、6+500～6+600、8+300～8+450 三段坝坡上进行的,共探测面积为 15 310 m^2,挖出蚁王蚁后 3 对,其中一王一后 2 对,一王二后 1 对。

采用地质雷达探测坝体蚁患技术是第一次在水库大坝上应用,都没有成熟的经验可借鉴,属于试验阶段,因此效果不是很理想,投资又相对较大。

(9)第九次普查及治理:2005 年 4 月 12 日至 5 月 13 日。

该次普查及治理也是由工管科白蚁治理专业队伍自身单独完成的,共挖出蚁王蚁后 25 对,其中一王一后 24 对,一王二后 1 对。

(10)第十次普查及治理:2005 年 11 月 2 日至 12 月 28 日。

该次普查及治理也是由工管科白蚁治理专业队伍自身单独完成的,共挖出蚁王蚁后 31 对,均为一王一后。

(11)第十一次普查及治理:从 2006 年 4 月 17 日至 5 月 15 日、2006 年 11 月 5 日至 12 月 10 日。

本次治理共挖出蚁王蚁后 101 对,一王一后 97 对,一王二后 2 对,一王三后 1 对,一王七后 1 对。

(12)第十二次普查及治理:从 2007 年 1 月 20 日至 4 月 27 日。

白蚁治理小组人员用了 3 个月的时间对检查出的活动迹象进行了追挖和药物喷杀处

理。这次治理共挖出蚁王蚁后 178 对,其中一王一后 172 对,一王二后 6 对;共挖出蚁巢 178 个。

(13)第十三次普查及治理:从 2007 年 10 月 11 日至 12 月 10 日。

该次普查及治理全部由白蚁治理小组完成,共挖出蚁王蚁后 76 对,均为一王一后。

(14)第十四次普查及治理:从 2009 年 4 月 10 日至 5 月 30 日。

该次普查及治理全部由白蚁治理小组完成,共挖出蚁王蚁后 48 对,其中一王一后 47 对,一王三后 1 对。治理的范围在顺坝桩号 0+000~3+000 段。

(15)第十五次普查及治理:从 2009 年 10 月 10 日至 10 月 31 日。

该次普查及治理全部由白蚁治理小组完成,共挖出蚁王蚁后 48 对,均为一王一后。治理的范围在顺坝桩号 0+000~3+000 段。

(16)第十六次普查及治理:自 2010 年 10 月 11 日至 12 月 29 日。

该次普查及治理全部由白蚁治理小组完成,共挖出蚁王蚁后 68 对,均为一王一后。治理的范围在顺坝桩号 0+000~3+000 段。

(17)第十七次普查及治理:自 2011 年 4 月 26 日至 6 月 22 日。

该次普查及治理全部由白蚁治理小组完成,共挖出蚁王蚁后 16 对,均为一王一后。

(18)第十八次普查及治理:自 2011 年 10 月 18 日至 12 月 2 日。

该次普查及治理全部由白蚁治理小组完成,共挖出蚁王蚁后 32 对,均为一王一后。

(19)第十九次普查及治理:自 2013 年 9 月 8 日至 11 月 14 日。

该次普查及治理全部由白蚁治理小组完成,共挖出蚁王蚁后 34 对,均为一王一后。

(20)第二十次普查及治理:自 2014 年 4 月 18 日至 6 月 10 日。

该次普查及治理全部由白蚁治理小组完成,共挖出蚁王蚁后 116 对,一王二后 1 对。治理的范围在顺坝桩号 3+500~5+500 段。

(21)第二十一次普查及治理:自 2014 年 5 月 18 日至 6 月 30 日。

该次普查及治理由重庆市友利水利工程白蚁防治研究所完成。对顺河坝 0+000~4+000 段进行全面的白蚁药物防治,设置毒土隔离带孔 23 480 个,毒土网幕孔 153 000 个,埋设诱杀包 15 320 包。

(22)第二十二次普查及治理:自 2015 年 4 月 15 日至 5 月 30 日。

该次普查及治理全部由白蚁治理小组完成,共挖出蚁王蚁后 81 对,一王二后 1 对。治理的范围在顺坝桩号 6+000~8+000 段。

(23)第二十三次普查及治理:自 2016 年 4 月 14 日至 5 月 15 日。

该次普查及治理全部由白蚁治理小组完成,共挖出蚁王蚁后 36 对,均为一王一后。

(24)第二十四次普查及治理:自 2016 年 10 月 10 日至 12 月 10 日。

该次普查及治理全部由白蚁治理小组完成,共挖出蚁王蚁后 104 对,一王二后 4 对。

(25)第二十五次普查及治理:自 2017 年 6 月 28 日至 10 月 30 日。

该次普查及治理由河南省科达水利勘测设计有限公司、重庆市友利水利工程白蚁防治研究所、湖北省麻城市神州白蚁防治有限公司 3 个单位共同完成。治理范围为顺河坝 0+000~8+000 段、坝坡及台地。采用的方法就是白蚁防治综合治理方法,先普查,根据普查情况尽可能地彻底挖除坝体内白蚁巢穴,回填后进行毒土隔离带和毒土网幕药物防治,设置监测和诱杀一体白蚁监测站做后期监测。本次共挖出蚁王蚁后174对,一王二后5对。

(26)第二十六次普查及治理:2018年上半年。

该次普查及治理由河南省科达水利勘测设计有限公司、重庆市友利水利工程白蚁防治研究所、河南省水利勘测设计研究有限公司3个单位共同完成。治理范围为顺河坝8+000～11+000段、坝坡及台地。采用的方法还是白蚁防治综合治理方法,先普查,根据普查情况尽可能地彻底挖除坝体内白蚁巢穴,回填后进行毒土隔离带和毒土网幕药物防治,设置监测和诱杀一体白蚁监测站做后期监测。

(27)第二十七次普查及治理:2018年下半年。

该次普查及治理由重庆市强勇强科技有限公司、麻城市白蚁治理研究所2个单位共同完成。治理范围为顺河坝11+000～13+500段、坝坡及台地。采用的是白蚁防治综合治理方法,先普查,根据普查情况尽可能地彻底挖除坝体内白蚁巢穴,回填后进行毒土隔离带和毒土网幕药物防治,设置监测和诱杀一体白蚁监测站做后期监测。

2018年全年共挖出蚁王蚁后163对,一王二后2对,二王三后1对。

(28)第二十八次普查及治理:2019年上半年。

该次普查及治理由河南省科达水利勘测设计有限公司、麻城市白蚁治理研究所2个单位共同完成。治理范围为拦河坝台地段。采用的是白蚁防治综合治理方法,先普查,根据普查情况尽可能地彻底挖除台地段白蚁巢穴,回填后进行毒土隔离带和毒土网幕药物防治,设置监测和诱杀一体白蚁监测站做后期监测。

(29)第二十九次普查及治理:2019年下半年。

该次普查及治理由河南省水利勘测设计研究有限公司完成。治理范围为顺河坝13+500～17+000段、坝坡及台地。采用的是白蚁防治综合治理方法,先普查,根据普查情况尽可能地彻底挖除坝体内白蚁巢穴,回填后进行毒土隔离带和毒土网幕药物防治,设置监测和诱杀一体白蚁监测站做后期监测。

2019年全年共挖出蚁王蚁后81对,一王三后1对。

2000～2019年白蚁开挖统计表见表3-1。

表3-1　2000～2019年白蚁开挖统计

年度	总巢数	白蚁对数	其中			
			一王一后	一王二后	一王三后	其他
2000	56	56	53	3		
2001	175	175	165	8	1	一王四后1对
2002	50	50	49	1		
2003	7	7	7			
2004	49	49	48	1		
2005	56	56	55	1		
2006	101	101	97	2	1	一王七后1对

续表 3-1

年度	总巢数	白蚁对数	其中			
			一王一后	一王二后	一王三后	其他
2007	254	254	248	6		
2009	96	96	95		1	
2010	68	68	68			
2011	48	48	48			
2013	34	34	34			
2014	116	116	115			
2015	81	81	80	1		
2016	140	140	136	4		
2017	174	174	169	5		
2018	163	163	160	2		二王三后 1 对
2019	81	81	80		1	
总计	1 749	1 749	1 707	35	4	3

第四章　白龟山水库白蚁防治综合治理方案

　　白龟山水库白蚁治理面积(草皮护坡)分为三个部分:第一部分为顺河坝导渗沟至大坝坝脚沟台地,该部分的治理面积为 33.4 万 m²;第二部分为顺河坝背水坡,该部分的治理面积为 119.29 万 m²;第三部分为顺河坝迎水坡,该部分的治理面积为 60.33 万 m²。

　　白龟山水库白蚁治理面积图见图 4-1。

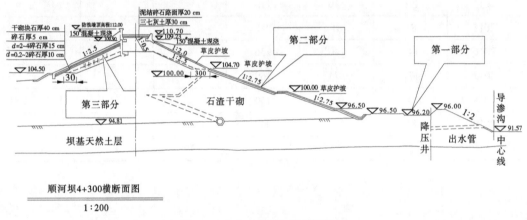

图 4-1　白龟山水库白蚁治理面积

　　白龟山水库白蚁防治有三道屏障可以利用:第一道屏障是导渗降压沟;第二道屏障是坝后混凝土防汛道路;第三道屏障是坝脚块石贴坡排水带。这三道屏障都能够有效地阻止白蚁进入坝坡。具体见图 4-2。

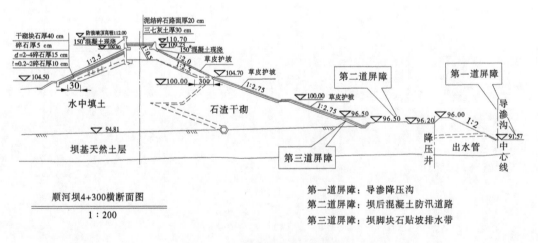

图 4-2　白龟山水库白蚁治理屏障

　　根据以上具体情况,特提出以下治理措施。

一、防治措施

(一)钻孔灌药

由于白蚁的生物学特性,以及年复一年的分飞出现季节性和周期性的特点,它的出现受地理、环境、气象等诸因素的影响,如同其他生物一样,除自身的发育进程外,还有对外因的各种需求,根据物候学动物、植物与环境变化的周期关系,用物候方法预测白蚁的分飞期。移殖飞翔与气象因子、物候因子的关系分别见表4-1、表4-2。

表4-1　移殖飞翔与气象因子的关系

气象因子		范围和适宜飞翔数值	飞翔状况	占飞翔次数(%)	最适飞翔数值	移殖飞翔频率(%)
地温(℃)	5 cm	18.6~29.0	可以飞翔	11.4	21.0~22.0	100
		20.0~26.0	大量飞翔	88.6		
	20 cm	16.4~27.0	可以飞翔	4.6	21.0~22.0	100
		19.0~26.0	大量飞翔	95.4		
日平均气温(℃)		17.2~27.7	可以飞翔	13.5	21.0~22.0	100
		19.0~25.0	大量飞翔	86.5		
相对湿度(%)		64.0~96.0	可以飞翔	11.6	91.0~95.0	100
		80.0~95.0	大量飞翔	88.4		
气压(hPa)		993.2~1 015.9	可以飞翔	13.5	1 002~1 005	100
		996.0~1 008.0	大量飞翔	86.5		
积温(℃)		195.8~1 297.8	可以飞翔	9.5	558.2~1 134.0	100
		364.0~1 260.0	大量飞翔	90.5		
降水(mm)		0~60.1	可以飞翔	2.0	0.1~10	100
		10.0~50.0	大量飞翔	98.0		

表4-2　移殖飞翔与物候因子的关系

白蚁出现活动的特征		日期	日平均气温(℃)	物候现象
泥被、泥线		3月13日至4月21日	11.6~23.0	蛙声鸣、杨柳绿、桃花微红
移殖孔		4月13日至5月22日	16.6~23.0	紫藤盛花、梧桐落叶、棕桐始花
移殖飞翔	始飞期	4月21~30日	16.6~21.0	各雨节气、苦栋始花、竹笋杖节
	盛飞期	5月1日至6月10日	21.5~23.8	虞美人始花、月季盛花、栀子始花
	末飞期	6月11~24日	25.2~27.0	蝈蝈始鸣、木槿始鸣、采摘黄花

从表4-1、表4-2的关系可以得出,在每年白蚁分飞前(4月21日)用钻孔灌注药浆或

灭蚁药物,孔距1~2 m,深0.5~1.0 m,布局成梅花形,在泥浆内掺入适量的联苯菊酯、毒死蜱、吡虫啉、氟虫氰等药剂,搅拌均匀后,灌入钻孔内,封闭孔口,在一定时间内能防治白蚁有翅成虫入土营巢。

(二) 喷洒药剂

主要在大坝的背水坡和迎水坡的草皮护坡部位喷洒药剂,使之渗入草中,并深入泥土5~10 cm,可将堤坝表层幼龄蚁巢的白蚁毒杀致死。毒杀效果比较好的化学剂有联苯菊酯、毒死蜱水溶液。

这里需要特别注意的是,在喷洒药剂之前要充分做好舆论宣传工作,同时喷洒后要有专人负责看管喷洒药物的坝段。由于白龟山水库属于平原水库,沿库村庄较多,牛羊等上坝比较普遍,灭蚁药物又具有较强的毒性,一旦牛羊啃了坝坡上喷洒灭蚁药物的草皮,极有可能中毒身亡,因此在喷洒前要做好舆论宣传工作,时间最少一个礼拜,喷洒之后还要派专人负责看管。

(三) 保持屏障的完整性

前文已经提到白龟山水库白蚁防治有三道屏障,都应当充分利用,它们都可以有效阻止白蚁进入坝坡上。

根据水库的实际情况,前两道屏障现在都能起到相应的作用,只有第三道屏障还不能起作用,而这一道屏障却是最重要的一道屏障。现在的坝脚沟及其相连的块石贴坡排水带上面长满了杂草及小树苗,因此为了有效防止坝脚沟以外的白蚁进入坝坡,必须清除其上面的杂草和小树苗,让块石完全暴露出来。

二、治理措施

(一) 人工普查(全线)

根据白蚁外露表象特征,利用人工普查的方法了解白蚁的活动情况和大致分布情况,并做好记录,如图4-3、图4-4所示。

图4-3　坝体背水坡发现的白蚁外露泥被　　　　　图4-4　白蚁外露泥线

(二) 坝体蚁巢无损探测

与河南省水利水电科学研究院合作,利用无损探测新技术,全线进行探测,与人工普查比对,为防治做基础工作。无损探测是利用超声波对坝体内部白蚁蚁巢形成的空蚀部位进行准确定位。现场以木桩在该区域建立坐标原点,在记录纸上建立坐标系,顺着坝坡绘出探查行进路线图。接着用测绳和卷尺在探查区域按照路线图放线,随后沿线进行雷达扫描采集数据(见图4-5),记录人员记录好文件编号和测线编号。最后用电子计算机对采集的数据进行分析,发现可疑位置后,再由记录人员放线到现场,对可疑位置反复扫描,确定蚁巢位置。

图 4-5　无损探测大坝内部白蚁蚁巢

(三)人工开挖

根据人工普查情况和无损探测情况,利用人工挖巢法挖掘主巢,灭治白蚁。找出蚁道后,需用细枝条插入,以探测蚁道方向(见图4-6),在挖掘中要逐段探测跟挖,切忌前低后高,避免土粒堵塞蚁道而迷失方向。在挖掘过程中,如发现近巢特征或见到主巢(王室菌圃)(见图4-7),要迅速扩大挖面,将主巢周围深挖,切断蚁道,使主巢悬立其中,这样可以防止蚁王、蚁后搬迁逃跑。

(a)　　　　　　　　　　　　　(b)

图 4-6　通过细枝条探测蚁道

(a)　　　　　　　　　　　　(b)

图 4-7　开挖到主巢

(四) 蚁坑回填

开挖过程中,蚁王、蚁后受到惊扰,为避免蚁王、蚁后逃脱,需要迅速开挖,造成开挖断面极不规则,直接回填,填筑质量很难满足要求。因此,蚁巢挖出后,需对已开挖的蚁坑进行修整,满足土方回填要求。回填土优先利用能够使用的开挖土,由于在开挖过程中,不可避免有土方损失,同时表面开挖的土方含有较多的植物根茎,无法全部利用,土方利用率按照 90% 考虑,不足部分采用外调土进行补充。由于外调土土方量较少,土料直接购买解决。蚁坑回填见图 4-8~图 4-10。

图 4-8　清理干净的蚁坑　　　　　图 4-9　大坝蚁巢开挖后蚁坑回填

土方填筑采用人工填筑,分层铺筑,人工夯实,完成后对坝面进行平整。分层填筑时,单层厚度应不大于 20 cm。由于该工程回填作业面积较小,施工质量受人为因素影响较

图 4-10　人工回填

大,为保证施工质量,土方压实度检测点次按照每层检测一个点次进行。

(五) 药物防治

开挖回填后,对大坝背水坡、坝下台地和导渗沟边坡全线进行药物防治。

顺河坝背水坡药物防治如下所述。

1.设置毒土隔离孔

在大坝背水坡与坝脚连接处用人工从上向下打孔(见图 4-11),每隔 0.5 m 并列打一孔,然后在两孔之间隔 1 m 再打一孔;在坝背水坡底部沿坝轴线方向相连接,每隔 0.5 m 并列打一孔,然后在两孔之间隔 1 m 再打一孔。通过对水库坝背水坡毒土隔离带施药、灌浆、固坝,彻底清除白蚁存在的隐患。药浆灌完后对孔进行封闭,以使药效保持更久。

2.设置毒土网幕法

在坝体外坡浸润线以上的斜面上,用人工从上向下打孔(见图 4-12),每孔行、列间距 1 m,呈梅花形布置,一边打孔一边灌注药水以避免白蚁受惊吓而搬迁,然后灌注纯泥浆充填、固坝,彻底清除白蚁存在的隐患。药浆灌完后对梅花孔进行封闭(见图 4-13),以使药效保持更久。

3.埋设诱杀包

将一定数量的诱杀包投放在该水库堤坝两端外的蚁源区发现的新鲜泥被、泥线前方或周围(见图 4-14),以避免蚁源区的白蚁对坝体产生新的危害。

清除坝下台地和导渗沟边坡全线的杂草和小树苗,再进行药物防治,每隔 0.5 m 并列打一孔,然后在两孔之间隔 1 m 再打一孔,呈梅花形布置,一边打孔一边灌注药水,药浆灌

图 4-11　坝坡打孔

图 4-12　药孔

完后对梅花孔进行封闭,以使药效保持更久。

药物的选取如下:

(1)使用的白蚁防治药物必须取得农药登记证(登记范围包括白蚁防治)、农药生产许可证和农药生产批准文件、产品质量标准、产品质量检验合格证,高效低毒,对人畜无害,对环境无污染。

(2)堤坝白蚁预防必须使用有驱避作用,残效期比较长,不溶于水,不挥发或难溶于水、难挥发,且对人畜无害,对环境无污染。

(3)灭治白蚁必须使用慢性无毒、无驱避作用的水溶性剂或粉剂,灭蚁药效适中,对人畜无害,对环境无污染。

经过慎重对比,我们暂时用联苯菊酯、氰戊菊酯和烟碱类药物吡虫啉悬浮剂,三种灭蚁药都为低毒药物。

图4-13　灌药封孔

图4-14　埋设诱杀包

(六)白蚁集中防治系统(新技术试验)

白蚁集中防治系统是集监测、拦截、诱杀于一体的白蚁防治系统。采用地下蚁站,环保型饵剂产品,能使白蚁蜕皮后长不出新皮,表面变得薄而脆,通过抑制其生长而其自身无法察觉来杀死白蚁。通过喂食,可杀死整巢白蚁。

我们就白蚁集中防治系统可以形成堤坝白蚁治理的体系,掌握集挖巢、监测、诱杀、评价于一体的技术。可以开展的工作有:追蚁道挖巢,无损探测方法定位挖巢,利用采用蚁站监测白蚁的活动情况进而对白蚁的危害情况做评价,药物拦截诱杀白蚁,空巢定位开挖。

(七)水库工程白蚁自然屏障的维护

前文提到白龟山水库白蚁防治有三道屏障可以利用,这三道屏障都能够有效地阻止白蚁进入坝坡。

1. 导渗降压沟

顺河坝 0+200~7+800 段导渗降压沟在 1998 年水库加固工程时护砌了一部分,但是并未护砌到沟顶,致使导渗降压沟对面的白蚁有机会飞过水面在沟坡筑巢,应对导渗降压沟未护砌的沟坡进行块石护砌,杜绝白蚁筑巢机会。

2. 防汛路两边的台地

防汛路两边的台地未硬化,杂草纵生为白蚁提供了大量食物,且对白蚁的普查和防治造成很大阻碍,应对台地杂草和小树苗进行清除,保证台地不能有杂草和小树苗生长。

3. 坝脚块石贴坡排水带

现在的坝脚沟及其相连的块石贴坡排水带上面长满了杂草及小树苗,故为了有效防止坝脚沟以外的白蚁进入坝坡,必须清除其上面的杂草和小树苗,让块石完全暴露出来,用混凝土砌筑一道宽 40 cm、高 40 cm 的隔离阻断带,以及宽 50 cm、厚 2 cm 的隔离阻断层阻挡白蚁。

(八) 目标任务

白龟山水库坝体白蚁 2017 年防治实施方案的预期效果如下:

(1) 先对防治范围大坝进行人工普查,对普查结果进行分析,确定主要治理区域,对治理区域白蚁表露现象密集区安排坝体蚁巢无损探测,而后定位开挖治理和蚁道追查开挖治理相结合,灭杀治理区域 80% 的白蚁隐患。

(2) 对开挖治理完成的坝体区域和台地进行药物防治,保证对台地和坝体遗留白蚁蚁巢的灭杀,以及对治理区域的白蚁重新筑巢的防范。

(3) 在坝脚块石贴坡排水带上沿和坝体坡顶建立白蚁集中防治系统,一是对治理后区域的监控,二是对坝体表层年轻白蚁巢诱杀。

(4) 对水库白蚁三道屏障阶段性修复。第一道屏障导渗降压沟修复费用比较高,应分段修复,未修复部位清理杂草进行药物防治;第二道屏障和第三道屏障全面治理且维持治理效果;坝坡排水沟分段修复隔离坝体白蚁区间。

三、组织措施

白蚁的繁殖主要由蚁后产卵来实现,黑翅土白蚁在繁殖盛期每天产卵高达 36 000~86 400 粒,平时一只蚁后一天可生产上千个卵,故其繁殖速度惊人,俗称“产卵机器”。根据现有的研究理论,黑翅土白蚁从雌雄配对入土营巢到蚁后衰老死亡,其生长年限一般为15~30 年,最长可达 100 年之久。

根据白蚁的特征,可采取以下组织措施。

(一) 组建专职的白蚁研究和治理机构

防治害虫一般来说,只能控制,不可能使其没有或绝迹。这是因为水库大坝有白蚁喜欢的食物来源以及适应其繁衍的生态环境,故要想灭绝白蚁是一件非常艰难的事情。白龟山水库通过近几年的白蚁治理工作,虽然取得了一些成效,但其蚁害依然存在,因此为了控制蚁害的发展,就必须成立专职的白蚁研究和治理机构。

白蚁研究和治理机构人员设置以 5~8 人为宜。白蚁研究和治理必须设置专职机构,不能搞兼职,否则会使研究人员精力分散,技术停滞不前。因为是兼职,还有其他具体的工作要做,所以就不可能集中精力去搞白蚁研究和治理工作。同时,还必须设置固定的办公场所和足够的研究治理经费。

(二)制定各种白蚁防治规划

根据堤坝白蚁的危害情况,在总结以往防治工作经验教训的基础上,制定适合白龟山水库特点的防治规程或规范,使防治工作走上规范化的轨道。在白蚁防治工作中,根据防治规划,分阶段有步骤地搞好防治工作。

防治规划包括:白蚁防治施工技术规程,白蚁防治操作施药方法,白蚁防治施工操作安全措施,防治白蚁工人技术等级标准,白蚁危害情况的普查,防治计划和步骤的安排,防治方法的选定,药物、机具的选择,防治人员的培训,奖惩制度,等等。

四、技术措施

(一)广泛宣传,进一步提高各级领导和广大群众对堤坝白蚁防治工作的认识

防治工作坚持"以防为主、防治结合,因地制宜、综合治理"和"群防、群治与专业防治相结合"的方针。现在许多水管人员对堤坝白蚁危害的严重性、普遍性、隐蔽性认识不足或一知半解,甚至根本不了解、不认识,必须加大宣传力度,普及堤坝白蚁的形成、危害,以及造成管涌、散浸、滑坡直至崩堤跨坝的有关知识。

在幼龄巢阶段,目前仍无法及时发现,一旦形成成年巢,有些蚁道就有可能贯穿堤坝的内外坡,当水位高涨到超主巢底腔时,就会发生管涌,形成险情。大量的事实已充分说明,在堤坝外观质量达到设计标准后,蚁患是造成目前许多堤坝工程抗洪能力低、安全度不足和工程效益不能正常发挥的重要因素,所以堤坝白蚁防治始终是水库工程管理的一项重要内容。不仅水利管理人员要充分认识这一点,各级领导也要深入了解,支持这项工作。另外,还要利用开现场会、张贴宣传画、办宣传栏、拍录像片和出版普及书刊等各种形式广泛地向群众宣传,以期得到各方面的支持。同时,还要根据自身的具体情况,采取相应的防治方法,使"以防为主、防治结合,因地制宜、综合治理"的方针扎扎实实地贯穿到堤坝白蚁防治工作中,以保证工程安全,充分发挥工程的正常效益。

(二)提高防治白蚁的科技含量,探测设备需要改进

目前,在白蚁防治工作中应用新技术、新设备的动力不足,所用预防和灭治设备仍停留在洒水壶、喷雾器、喷粉球、手电筒和螺丝刀等简单工具上。同时,由于缺少专门的研究机构和研究经费,一些单位开发的白蚁探测专用设备和白蚁防治专用器械在使用效果上离实际要求差距较大,故在白蚁防治工作中这些新设备的使用率较低。

目前,探测方法有两种:一种是采用声波原理探测的声波法,另一种是采用电阻率原理探测的电阻率法。声波法由于不用在坝体内打电极,探测速度比较快,其测距也是随意的,故比较适宜比较长的堤坝探巢。电阻率法适用于比较短的堤坝探巢,设备造价比较低,特点是探测点数比较多,工作量非常大,探巢准确率相对较高。根据白龟山水库大坝的实际情况,采用声波法探测设备比较合适;其缺点是设备投资比较大。

不论采用哪种方法的探测设备,最关键的工作就是蚁巢率定曲线的确定。只有确定了这条曲线,在探测的过程中才能真正确定是否为蚁巢。以前采用地质雷达探测坝体蚁巢率之所以很低,是因为采用这种设备在坝体上探测蚁巢是属于试验阶段,并没有现成的率定曲线可以借鉴,再加上探测人员对水库的坝体情况并不了解,因此效果不佳,但投入大。

(三)加强培训和教育工作

要实现白蚁防治行业的可持续发展,不仅要求白蚁防治人员要懂技术、懂管理,更重要的是,思想上要与时俱进,要具有不断创新的意识,通过及时学习国内外的先进理论和技术,不断提高白蚁防治工作的整体水平。要达到这个目的,就必须对白蚁防治从业人员进行培训和教育,通过举办培训班或召开研讨会的形式,提高白蚁防治从业人员和其相关人员的认识,更新他们的观念。加大舆论宣传,促进社会各界对白蚁防治工作的全面认识,使舆论成为推动白蚁防治行业健康发展的外在动力,尽可能扩大白蚁防治行业在社会上的影响,从而获得政府与公众的理解和支持。同时,通过对白蚁防治从业人员的技术培训,不断提高白蚁防治队伍的总体素质和服务水平。

(四)加快技术更新步伐

加大科研投入,开发和引进科技含量高、实用性强、应用效果好的白蚁防治专用机械,以及高效、低毒、环保的白蚁防治药物,为行业的可持续发展提供必要的技术条件。另外,加强行业间的合作与交流,将生物、化工、机电等行业的先进技术水平和最新科技成果及时应用到白蚁防治的实践中,实现行业的跨越式发展。

努力探索和引进白蚁防治新技术,通过对白蚁综合治理的进一步研究,积极推动白蚁监测控制系统在白龟山水库白蚁防治中的应用,以实现白蚁防治工作与自然的协调统一。

在堤坝蚁巢的处理中,应当贯彻"灌重于挖,灌挖结合"的治理方针,积极采取经常性的措施,把白蚁防治工作作为水库工程管理的主要内容,抓紧抓好。

总之,白蚁防治是一项技术性很强的工作,对水库管理来讲,它是一项经常性的工作;对白龟山水库来讲,只能把白蚁危害降低到安全程度,由于其地理位置以及大坝管护范围的特殊情况,不可能将其灭绝。因此,在今后的白蚁防治工作中,应以科技为依托,不断提高白蚁防治工作的科技含量,通过配备专业化程度高的防治器械和设备来提高防治水平。同时,要加强害虫综合管理理论在白蚁防治领域的应用研究,以达到综合运用各种防治技术来控制白蚁种群处于经济危害水平以下的目的。

第五章　堤坝白蚁隐患无损探测与防治技术研究

第一节　概　述

一、背景及意义

白蚁属等翅目,是较为古老的社群性昆虫,与蜚蠊近缘,距今已有2.5亿年的历史。世界各大洲都有白蚁分布,其危害面积占全球总面积的50%。到目前为止,我国除黑龙江、吉林、内蒙古自治区、宁夏回族自治区、新疆维吾尔自治区外,其他各省(直辖市、自治区)均有白蚁分布,其危害面积接近全国总面积的40%,特别是长江以南各省(直辖市)的蚁害情况尤为严重。白蚁种类繁多,活动较为隐蔽,能对人类的活动和生活带来不利的影响甚至严重的财产和生命损失,并且常常被人忽略,是一类较难防治的害虫。国际昆虫生理生态研究中心认为,白蚁与须舌蝇、蟑、蚊子、黏虫并称为世界五大害虫。白蚁的危害具隐蔽性、广泛性和严重性。对人类的危害主要表现在房屋建筑、江河、堤坝、水库、农林植物、电缆电线、交通设施、生态环境的安全上。白蚁严重危害用材林、防护林、经济林和农作物等,造成极大损失,同时还可引起河堤水坝渗水、跌窝、滑坡、漏水等,严重者威胁堤坝的安全。我国每年因白蚁危害房屋建筑直接造成的经济损失达25亿元以上,水利设施因白蚁危害所造成的损失不在其中,其经济损失应该更大。

二、白蚁的相关生物学特性

(一)群居性

白蚁过着隐蔽、群居的生活。整巢白蚁在木材或土壤中筑巢,蚁群中的个体有不同的品级之分,各自有不同的职能。蚁王和蚁后为繁殖蚁,专营生殖;兵蚁对整个蚁群起到保卫和防护作用;工蚁营巢,外出觅食;若蚁能发育成具繁殖能力的有翅成虫。

(二)交哺习性

同巢白蚁具有相互清洁同伴身体的习性,工蚁之间相互喂食。工蚁取食后,会将自己消化和半消化的食物喂给兵蚁、幼蚁、蚁王和蚁后。利用这种交哺习性,采用投放慢性胃毒性的诱饵引诱工蚁取食,通过多次药物交互传递作用以达到灭治整巢白蚁的目的。

(三)分飞习性

每年的4月、5月间,成熟蚁群中的白蚁有翅成虫会相继出巢分飞。在此期间,蚁巢地表常会出现大批的分群孔,是有翅成虫分飞的出口。据报道,分飞孔分散于地面,其位置有的分布在主巢上方,有的分布在主巢两侧,主巢离分飞孔的距离一般在1~5 m,最远的为6~12 m。通过分群孔的查找,可以大致判断出主巢的方位,在分群孔内投药,也能起到好的引诱效果。一般蚁群建立后,4 年后到成龄巢阶段就能产生有翅蚁分飞繁殖,分飞的周期有的是一年,有的是两三年,甚至更多年。

(四)畏光性

白蚁畏光,惧怕蚂蚁、娱蛤等天敌。白蚁在地下所修筑的蚁巢和大量的蚁道的环境都是黑暗避光的。白蚁外出活动取食时,地表经常会留下修筑的泥被、泥线。根据泥线、泥被等外露迹象可以大致看出白蚁的活动范围,这给投药地点的选择提供了依据。

(五)活动季节性

白蚁在大坝上活动虽与季节有很大的关系,但主要受温度和湿度的影响。每年的 4 月、5 月和 9 月、10 月是白蚁的地表活动旺季,在此期间,白蚁常外出大量寻觅食物。因此,可以选择在这段时间投药,以期达到最佳的灭治效果。4 月、5 月泥被、泥线最多,6 月气温升高,地面下 20 cm 土温达 30 ℃时,白蚁即停止活动,至 9 月温度下降又外出活动。在寒冷季节,白蚁主要集中在主、副巢内过冬。据多年观察,在湿度适宜时,当平均气温约在 12 ℃时,白蚁开始在地面上采食,同时秋季地表活动高于春季,如图 5-1 所示。

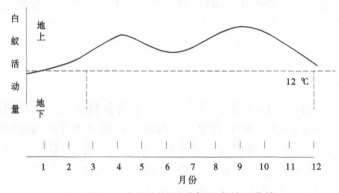

图 5-1　大坝白蚁活动与温度关系曲线

此外,白蚁生存环境需要一定的温度和湿度,蚁巢内的菌圃及外出觅食修筑的泥线、泥被也为白蚁提供了适宜的温度和湿度,保证了白蚁的正常生命活动。

三、堤坝白蚁的危害种类和危害性

据史书记载,我国自有堤防以来即有白蚁的危害,如《吕氏春秋·慎小篇》:巨防容蝼,而漂邑杀人;突泄一燺,而焚宫烧积(黄远达,2001)。自 20 世纪 50 年代以来,我国政府十分重视水利建设,许多河湖和水库已得到整修和兴建,但白蚁对江河、水库堤坝的危害仍十分严重,因蚁害导致崩堤垮坝的事件屡见不鲜(李栋,1989;黄远达,2001)。

在我国南方地区堤坝白蚁对水利工程的危害既普遍又严重(宋晓钢,2005)。据报道,我国南方水库堤坝的蚁害率达 53% ~90% 不等(周志伯,2005),其中福建、江西、广东、广西、云南等省(自治区)蚁害率高达 90% 以上(宋晓钢,2005)。近年来,过去一直认为不适宜白蚁生存的海塘也有白蚁危害的报道,如深圳西海塘 7.6 km 的西乡段多次发现土栖白蚁的危害,钱塘江临江一线 118.8 km 海塘的蚁害率达 50% 以上(宋晓钢,2005)。

因蚁害导致的决堤垮坝事件常常造成巨大的经济损失和人员伤亡。据报道,1973 年四川牛家湾水库大坝,因蚁患引起垮坝;1981年广东漠阳江大水灾蚁患造成多处溃堤,损失非常严重,淹没农田64万亩(1亩=1/15 hm², 后同),冲毁房屋13 100余间,20多万人被洪水围困(李栋等,2004)。1990年浙江省诸暨市浦阳江苍象湖的决堤由蚁患所致(毛伟光等,2002)。

白蚁危害江河、水库堤坝的原因主要包括以下几点(周志伯,2005):①兴建水库时,未清除堤坝基础内的白蚁巢群,在建坝时就埋下了隐患;②有翅成虫纷飞而至,入土营巢;③附近山坡白蚁蔓延入侵,在靠近山坡的堤坝上滋生繁衍;④建坝取土带入幼小群体,在坝体定殖发展;⑤坝内巢群有翅成虫未经飞出而从巢群中分化另建新巢群等。此外,对水利工程白蚁的防治管理不到位也是堤坝白蚁危害严重的一个重要原因。

历史上,河南并非白蚁的重灾区,随着气候的变化影响,白蚁危害北移情况非常明显,河南许多地区如洛阳、郑州、平顶山、驻马店、南阳等地都发现了白蚁,驻马店全市162座大、中、小型水库中,78座坝体存在白蚁危害,占总数的48%,其中蚁道贯穿的大坝有43座。白蚁造成的危害隐蔽性强且危害巨大,治理和防治工作日益受到重视。

四、堤坝白蚁防治的现状

(一)堤坝白蚁治理简况

20世纪五六十年代,国家尤为重视水利工程的建设,全国上下兴建了大量山塘水库。据统计(1981),全国大型水库308座,中型水库2 333座,小型水库84 000座,山塘6 310 000座,总计近640万座。随着时间的推移,白蚁移至土坝内营巢形成危害,久而久之对大坝安全构成威胁。我国对堤坝白蚁的治理最早开始于新中国成立后。至今,对堤坝白蚁的防治主要是采用广东防治经验,即"找、标、杀""找、标、灌""找、杀"的八字方针,杀灭堤坝上出现的白蚁后,对坝体内残存的蚁巢空腔进行回填压实。

(二)堤坝白蚁防治研究简况

1960~1961年,中国科学院昆虫所蔡邦华教授在湖北荆江大堤开展了大堤白蚁的研究。

1978年,张宗福在《昆虫学报》上发表了《黑翅土白蚁蚁巢定位》的研究。在湖北林地做了试验解剖,用数学公式推断蚁巢位置。

1980年,陈缚尧在《昆虫知识》上介绍了土栖白蚁巢的指示目标——鸡枞菌,说明了鸡枞菌与蚁巢的关系。

1981年,安徽科技出版社出版了由陈缚尧编写的《土栖白蚁》一书,对土栖白蚁的相关习性做了详细的介绍。

1989年,四川科技出版社出版了由李栋编写的《堤坝白蚁》一书。

1996年,徐兴新、李栋等在《昆虫学报》上发表了《探地雷达探测堤坝白蚁巢的研究》论文。

2001年,湖北科技出版社出版了由严国璋编写的《堤坝白蚁及其防治》一书,详细介绍了堤坝白蚁的活动规律及其防治方法。

2006年,科学出版社出版了由李栋、田伟金编写的《白蚁论文集》一书,书中收录了多篇关于堤坝白蚁防治的文章。

五、堤坝白蚁防治方法的演变

堤坝白蚁的主要防治方法有挖巢法、熏烟(蒸)药杀法、直接施药法、药饵诱杀法、无损探测方法等。其中,无损探测方法是比较有效和环保的防治方法,对堤坝的破坏性也最小。同时,该技术既能以步行的速度探测,也能以车载的方式探测,探测结果能以直观的图像方式实时显示,具有较高的推广应用价值。

(一)挖巢法

在确定堤坝白蚁的主巢位置后或根据白蚁的外露特征进行追挖(见图 5-2),采用人工的方法破坏堤坝白蚁的巢腔系统,消灭蚁王、蚁后,对于挖开的空间再用药土或泥土进行回填夯实(见图 5-3)。它是一种比较古老的,且又是行之有效的灭蚁加固堤坝的方法。其理论依据是至今尚未有发现堤坝白蚁巢群产生补充型蚁王、蚁后的报道,即在消灭巢群中的蚁王、蚁后或其中的一性,该巢群就会失去控制,整群白蚁会慢慢衰亡。但存在易受季节限制、工作量大、技术难度大、费工费时、对堤坝结构破坏性大及汛期不能进行等弊端。

图 5-2　挖巢法查找白蚁蚁巢

(二)熏烟(蒸)药杀法

在找到堤坝白蚁主蚁道后,采用人工或机械的方法,将熏烟药剂或熏蒸剂本身或产生的毒烟(气)通过主蚁道投入或灌入主巢腔内,经过一定时间的密封闷(熏)杀(一般为3~5 d)就可达到杀灭全巢白蚁的效果。该法在我国 20 世纪六七十年代使用比较普遍,它是当时一种灭杀堤坝白蚁较经济、简便、省工、省时的办法。目前,已很少采用熏烟剂进行药杀,大多采用硫酰氟和磷化铝等熏蒸剂。

(三)直接施药法

20 世纪 70 年代中期以前,一些地方采用通过主蚁道向主巢灌注药液的方法达到消灭堤坝白蚁的效果。但自 70 年代末期开始,随着灭蚁灵的推广应用,许多地方采用引诱的方法将堤坝内的白蚁诱集后直接向白蚁个体喷施灭蚁灵粉剂,让其带回巢内,利用白蚁营群体生活及相互吮舐的习性,使其互相传染,以达到全巢死亡的效果。在白蚁活动盛

图 5-3　堤坝开挖回填压实

期,亦可直接向在堤坝表层活动的白蚁喷施(见图 5-4),同样能达到效果。当然,随着有机氯农药的禁用,目前各地相继开发了不少灭蚁灵的替代药剂,如氟虫胺、氟铃脲、锐劲特等,其对白蚁的灭治原理基本相同。

图 5-4　喷洒药物防治白蚁

(四)药饵诱杀法

在白蚁喜食的饵料中直接加入一定比例的杀白蚁药剂制成药饵,投放在堤坝上任白蚁自行取食,以达到杀灭白蚁的目的,使"引诱—饲喂—杀灭"三位一体。其中的杀白蚁药剂对白蚁具有较好的慢性胃毒作用和传递作用,但无或较低的忌食性。该法的关键是要选择适宜的投放季节和投放方式,一般应在白蚁活动盛期进行;药饵的投放可采用重点投放与普遍投放相结合的方式,即在发现泥线、泥被、分飞孔、蚁道等处加大投放量,对白蚁活动不明显的地方实行均匀布点投放,做到确保重点、兼顾全面,达到较好的灭治效果。

(五)无损探测方法

采用白蚁探测技术,寻找地下白蚁的巢穴或研究其觅食活动规律,是防治地下白蚁的重要环节。目前,国内外使用的白蚁探测技术主要包括放射性同位素技术、探地雷达技术和电阻勘探技术等。

放射性同位素技术用于白蚁探测在我国首先由上海黄浦区白蚁所利用放射性同位素 ^{131}I 探测台湾乳白蚁蚁巢取得成功(李栋等,1995)。之后,广东省昆虫研究所李栋等利用 ^{131}I 和 ^{198}Au 探测台湾乳白蚁群体并进行了相关研究,降低了放射性同位素使用剂量和强度,取得了台湾乳白蚁群体的一些重要生物学资料,包括群体活动范围、主、副巢分布及之间的白蚁活动频度,白蚁活动与温、湿度的关系,以及台湾乳白蚁群体分布与环境差异的关系等(李栋等,1976,1982)。此外,李栋等(1981)还利用 ^{131}I 研究了黑翅土白蚁在水库土坝上的取食活动量与温、湿度的关系,为防治提供了依据。

中国科学院广州地质新技术研究所和广东省昆虫研究所利用探地雷达技术探测堤坝白蚁巢,通过模拟试验、实地探巢试验和垂直切片式开挖解剖分析,证明应用探地雷达技术能够准确地确定出蚁巢的位置,这种方法能以步行方式探测,也可以车载方式探测,且具有很高的工作效率和几何分辨率,并以直观的图像实时显示,探测深度可达 3 m 左右,有较高的推广应用价值和发展前景。

电阻勘探技术的理论依据是地球勘探方法中的电阻法,即人工产生地下电场,而一般某一特定地段的土层可视为均质土壤,其电阻率无明显变化。当有白蚁蚁巢存在时,这部分土壤存在很多空洞,由于空气通常可视为绝缘介质。因此,这部分土壤对地下电场呈现高阻抗性质,排斥电力线,使该处地表部分的电场强度增大,从而判断该处有蚁巢或空洞(刘智源等,1998)。

近年来,随着科学技术的迅速进步,堤坝检测技术日新月异,传统的破坏性检测已渐渐被非破坏性检测取代,其快速与经济的优点已受到各界广泛的关注。

六、本项目研究的主要内容

本项目采用理论与实践相结合的研究方法,首先对探地雷达和高密度电法探测的基本理论及数据解释方法进行深入的学习,再通过实践进一步证实该理论的合理性。

本项目研究主要内容包括以下几方面:

(1)阐述了探地雷达和高密度电法进行无损检测的基本原理及技术参数。

通过研究探地雷达和高密度电法的基本原理,验证其在堤坝白蚁探测中的可行性,并找出关键的技术参数进行组合。

(2)根据探测现场的情况,优化探地雷达和高密度电法的参数组合。

探地雷达图像采集的过程中,根据实际情况,合理选择组合介电常数、采样率、滤波、叠加、增益、时程等参数以及探测方式(时间模式、距离模式、点测等),确定最为有效的组合,得到有效的探测图像。同时,将探地雷达和高密度电法结合起来使用,优化工作结合方式,提高工作效率。

(3)对蚁巢病害位置及分布情况检测的典型探地雷达图像进行分析。

分析对比高密度电法和探地雷达图像,提取蚁巢特征信息,准确判断蚁巢的空间位置,多次开挖验证,总结提高准确率和效率。

第二节　探地雷达技术与电磁波基本理论

一、电磁波基本理论的应用

随着现代电子技术和信号处理技术的发展,探地雷达技术在近年来得到迅速发展。作为一种无损检测的手段,探地雷达技术还在不断完善中。从探地雷达技术的发展过程不难看出,探地雷达技术的发展和成熟都是建立在电磁波理论基础上的,可以说,电磁波理论及电磁波的传播规律是探地雷达技术的基础。本节将主要就探地雷达的基本理论与技术做简单的介绍。

(一)麦克斯韦电磁理论

电磁波的基本理论是麦克斯韦电磁理论,其主要内容为:变化的电场能够产生磁场,而变化的磁场又能够产生感应电场。当源电场发生不均匀变化时,就会在其旁的空间中激发出不均匀变化的磁场,而不均匀变化的磁场又会在稍远的位置激发出新的不均匀变化的电场,这样,电场与磁场在相互激发的过程中不断向远处传播,形成电磁场。分析雷达波在低耗散介质中的传播规律时可用麦克斯韦方程组来描述。

麦克斯韦方程组的微分表达式为:

$$\nabla \cdot \vec{H} = \vec{J} + \frac{\partial \vec{D}}{\partial t} \tag{5-1}$$

$$\nabla \cdot \vec{E} = - \frac{\partial \vec{B}}{\partial t} \tag{5-2}$$

$$\nabla \cdot \vec{B} = 0 \tag{5-3}$$

$$\nabla \cdot \vec{D} = \rho \tag{5-4}$$

式中:$\vec{E}$ 为电场强度,V/m;$\vec{D}$ 为电位移矢量,C/m²;$\vec{H}$ 为磁场强度,A/m;$\vec{B}$ 为磁感应强度或通量密度,Wb/m²;$\vec{J}$ 为自由电流密度,A/m²;ρ 为自由电荷密度,C/m³;∇ 为微分算子,在直角坐标系中,$\nabla \varphi = x_0 \frac{\partial \varphi}{\partial x} + y_0 \frac{\partial \varphi}{\partial y} + z_0 \frac{\partial \varphi}{\partial z}$,其中 x_0、y_0、z_0 分别是直角坐标系中的基向量。

ρ 和 $\vec{J}$ 通过式(5-2)电流连续性方程联系起来:

$$\nabla \cdot \vec{J} + \frac{\partial \rho}{\partial t} = 0 \tag{5-5}$$

在麦克斯韦方程组中,没有限定场矢量 $\vec{D}$、$\vec{E}$、$\vec{B}$、$\vec{H}$ 之间的关系,它们适用于任何媒质,所以通常又称为麦克斯韦方程组的非限定形式。实际上,$\vec{D}$、$\vec{E}$、$\vec{B}$、$\vec{H}$ 场矢量之间的关系与媒质的电磁特性有关。这种关系称为媒质的本构关系。在隧道工程中,岩土与衬砌结构作为电磁波的传播媒质,它们的本构关系肯定不是线性的和各向同性的,而是一个相当复杂的系统。这里为了研究电磁波的传播与介质的哪些特性有关,先介绍简单介质情况下的传播规律。在线性和各向同性的媒质中,本构关系为:

$$\vec{D} = \varepsilon \vec{E}$$
$$\vec{B} = \mu \vec{H} \tag{5-6}$$
$$\vec{J} = \sigma \vec{E}$$

式中：ε 为介质的介电常数，F/m；μ 为介质的磁导率，H/m；σ 为介质的电导率，S/m。

探地雷达的探测，电磁波可以近似为均匀平面波。依据麦克斯韦电磁理论，电磁波在传播过程中其强度与穿透介质的波吸收程度和界面的反射系数有关，其电磁场分量瞬时波动方程为：

$$E = E_0 e^{-SZ} e^{j(KZ-\omega t)}$$
$$B = B_0 e^{-SZ} e^{j(KZ-\omega t)} \tag{5-7}$$

式中：E_0、B_0 分别为相应电磁矢量的初始振幅；S 为衰减系数；Z 为波的传播距离；K 为相位因子；t 为电磁波的传播时间。

对于探地雷达来说，探测介质的电特性是非常重要的。它决定了探地雷达是否适用，如果各种介质的电特性都相同，那么就无法使用探地雷达进行探测。在诸多参数中，介电常数和电导率是非常关键的两个指标。

（二）电磁波的反射和透射

现在考虑平面波以角度 θ_i 入射到两种介质的平面分界面的情况。设两种介质具有不同的电性参数 (ε_1, μ_1) 和 (ε_2, μ_2)。分界面的不连续性，致使一部分入射波被反射，另一部分入射波继续向前传播。对于入射到单一的电磁波，其反射和透射规律服从斯涅尔定律，即

$$n = \frac{\sin\theta_1}{\sin\theta_2} = \sqrt{\frac{\varepsilon_2 \mu_2}{\varepsilon_1 \mu_1}} \tag{5-8}$$

由于入射方向的不同，介质交界面对平面电磁波的反射和折射可以分为 TM 波（平行极化波）、TE 波（垂直极化波）两种情况来理解。任何复杂的电磁波入射情况都可以分解成 TM 波、TE 波两种情况的组合（场强用电场强度表示）。

1. TM 波的平面反射和折射

TM 波的平面反射和折射见图 5-5。

根据电磁波在反射面的边界条件，有：

$$\left(\frac{E_r}{E_i}\right) /\!/ = \frac{-n_1 \cos\theta_r + n_2 \cos\theta_i}{n_1 \cos\theta_r + n_2 \cos\theta_i} \tag{5-9}$$

$$\left(\frac{E_t}{E_i}\right) /\!/ = \frac{2n_1 \cos\theta_t}{n_1 \cos\theta_t + n_2 \cos\theta_i} \tag{5-10}$$

2. TE 波的平面反射和折射

TE 波的平面反射和折射见图 5-6。

$$\left(\frac{E_r}{E_i}\right) \perp = \frac{-n_1 \cos\theta_i + n_2 \cos\theta_r}{n_1 \cos\theta_i + n_2 \cos\theta_r} \tag{5-11}$$

$$\left(\frac{E_t}{E_i}\right) \perp = \frac{2n_1 \cos\theta_i}{n_1 \cos\theta_i + n_2 \cos\theta_t} \tag{5-12}$$

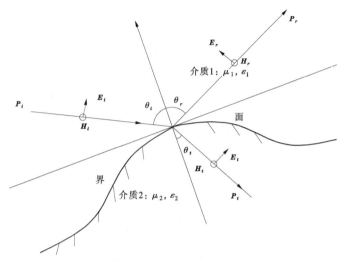

图 5-5 TM 波的平面反射和折射

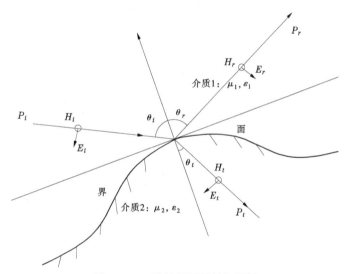

图 5-6 TE 波的平面反射和折射

对以上两种情况,功率的反射系数 R_e 为:

$$R_e = \left| \frac{E_r}{E_i} \right| \tag{5-13}$$

$$R_e / / = \left(\frac{n_1 \cos\theta_t - n_2 \cos\theta_i}{n_1 \cos\theta_t + n_2 \cos\theta_i} \right)^2 \tag{5-14}$$

$$R_e \perp = \left(\frac{n_1 \cos\theta_i - n_2 \cos\theta_t}{n_1 \cos\theta_i + n_2 \cos\theta_t} \right)^2 \tag{5-15}$$

功率传输系数 T_r 为:

$$T_r = \left| \frac{E_r}{E_i} \right|^2 \frac{n_2 \cos\theta_t}{n_1 \cos\theta_i} \tag{5-16}$$

$$T_r // = \frac{4n_1 n_2 \cos\theta_i \cos\theta_t}{(n_1 \cos\theta_t + n_2 \cos\theta_i)^2} \tag{5-17}$$

$$T_r \perp = \frac{4n_1 n_2 \cos\theta_i \cos\theta_t}{(n_1 \cos\theta_i + n_2 \cos\theta_t)^2} \tag{5-18}$$

显然：$R_e // + T_r // = 1, R_e \perp + T_r \perp = 1$。

(三)脉冲电磁波波谱特征

目前,探地雷达所发射的电磁波大都是非周期脉冲电磁波,这些脉冲电磁波包含了各种频率的成分。为了研究不同频率的电磁波的传播,需要在频率域研究电磁波的振幅和相位随频率的变化。将时间和频率域联系起来较为有效的数学工具是傅里叶变换。根据傅里叶变换理论,非周期性的脉冲函数 $F(t)$ 只要满足狄利克莱条件,即函数在有限区间内分段光滑,仅有有限个第一类型间断点,且 $F(t)$ 在间断点处收敛于 $\frac{1}{2}[f(t+0) + f(t-0)]$,探地雷达脉冲信号就满足此条件,则 $F(t)$ 可用傅里叶积分写成下列形式：

$$\theta(f) = \frac{1}{2\pi} \int_{-\infty}^{\infty} \theta(f) e^{-j2\pi ft} dt \tag{5-19}$$

$$F(t) = \int_{-\infty}^{\infty} \theta(f) e^{j2\pi ft} dt \tag{5-20}$$

式中:t 是时间;f 是频率;$\theta(f)$ 是复变函数,在数学上称为象函数。

通常把式(5-19)称为 $F(t)$ 的正变换,式(5-20)称为 $\theta(f)$ 的逆变换。物理意义是,任何一个非周期振动脉冲 $F(t)$ 是由无限个不同频率、不同振幅的谐和振动 $e^{j2\pi ft}$ 之和构成的,每个单色的谐和振动的振幅和初相位由复变函数 $\theta(f)$ 决定。$\theta(f)$ 可写成：

$$\theta(f) = A(f) e^{j\varphi(f)} \tag{5-21}$$

式中:$A(f)$、$\varphi(f)$ 都是实变函数。$A(f)$ 表示每个谐和振动分量的振幅,称为振幅谱;$\varphi(f)$ 表示每一个谐和振动分量的初相位,称为相位谱。将式(5-21)代入式(5-19)式(5-20)中的被积函数得：

$$\theta(f) e^{j2\pi ft} = A(f) e^{j[2\pi ft + \varphi(t)]} \tag{5-22}$$

式(5-19)表达的物理意义是:如果已知脉冲函数的形式 $F(t)$,那么可以求得它的象函数 $\varphi(f)$。类似的地震勘探方法,把 $\varphi(f)$ 称为 $F(t)$ 的复变谱,$A(f)$ 称为 $F(t)$ 的振幅谱,$\varphi(f)$ 称为 $F(t)$ 的相位谱。

根据谱分析理论,很容易证明一个重要关系,即一个脉冲的延续时间长度同它的频带宽度成反比,证明如下：

若 $F_1(t)$ 的谱为 $\varphi(f)$,而 $F_2(t) = F_1(at)$,此处 a 为常数,则：

$$\theta_2(f) = \frac{1}{2\pi} \int_{-\infty}^{\infty} F_1(at) a e^{-j2\pi ft} dt \tag{5-23}$$

令 $at = x$, $dx = adt$ 代入式(5-23)得：

$$\theta_2(f) = \frac{1}{2\pi} \int_{-\infty}^{\infty} F_1(x) e^{-j2\pi f\frac{x}{a}} \frac{1}{a} dt = \frac{1}{a} \int_{-\infty}^{\infty} F_1(x) e^{-j2\pi f\frac{x}{a}} \frac{1}{a} dx = \frac{1}{a}\theta_1\left(\frac{f}{a}\right) \tag{5-24}$$

这就证明了当脉冲作用时间延长倍等于其频带变窄倍。在时间域内脉冲时间增长,在频率域内频带宽度变窄;反之亦然。这个结论在探地雷达设计中非常有用,为了获得较窄的子波,则天线与电路的频率相应的频带要宽。

二、探地雷达技术参数

(一)探地雷达的探测分辨率

探地雷达的探测分辨率指纵向分辨率和横向分辨率,它决定了探地雷达分辨最小目标体的能力。探地雷达的探测分辨率与电磁波的主频、频带宽度、雷达子波类型等参数有关。

1. 纵向分辨率

纵向分辨率指在探地雷达剖面中能够区分一个以上目标体反射面的能力,其主要取决于雷达对最近的两个信号的区分能力,即

$$\Delta h = \frac{v\Delta t}{2} = \frac{v}{2B_{eff}} = \frac{c}{2B_{eff}\sqrt{\varepsilon_r}} \tag{5-25}$$

式中,B_{eff} 为接收信号频谱的有效带宽;v 为电磁波在介质中的传播速度;ε_r 为介质的相对介电常数。

在实际运用中,通常把 $\frac{\lambda}{4}$ 作为探地雷达的纵向分辨率,即

$$\frac{\lambda}{4} = \frac{v}{4f} = \frac{c}{4f\sqrt{\varepsilon_r}} \tag{5-26}$$

式中:f 为电磁波在介质中的实际频率。

2. 横向分辨率

横向分辨率指探地雷达在横向上所能分辨的最小目标体的能力。如图 5-7 所示,O 为发射天线位置,$\overline{AB}$ 是第一菲涅耳带的直径,$\overline{PB}$ 为半径,当两个异常地质体的距离小于菲涅耳带半径时,即为不可分辨,但单个目标体的横向分辨率远小于第一菲涅耳带半径。

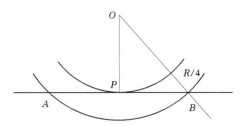

图 5-7　菲涅耳带示意图

可以看出,当反射界面深度为 h 时,第一菲涅耳带半径 r 为:

$$r = \sqrt{\left(h + \frac{\lambda}{4}\right)^2 - h^2} \tag{5-27}$$

(二)探地雷达的探测范围和探测深度

探地雷达探测到的地下反射物,并不一定只是处于发射天线发射电磁波的传播直线方向上。探地雷达的探测存在一个有效区域,如图 5-8 所示,阴影所包裹的"椭圆锥台"就

是电磁波探测的有效范围,由于这个有效范围的底部椭圆比较像一个脚印,因此又被称为"足印"。只要是在这个范围内就能够被探测到。构成电磁波有效区域的要素为:探测深度 d、底部椭圆长轴 a 和椭圆短轴 b。

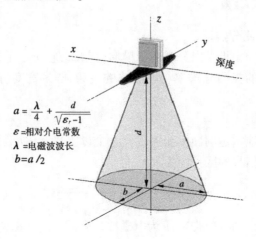

$$a = \frac{\lambda}{4} + \frac{d}{\sqrt{\varepsilon_r - 1}}$$
ε =相对介电常数
λ =电磁波波长
$b = a / 2$

图 5-8　电磁波的探测范围

探地雷达探测的有效范围各个参数的关系为:

$$a = \frac{\lambda}{4} + \frac{d}{\sqrt{\varepsilon_r - 1}} \tag{5-28}$$

式中:λ 为电磁波波长;ε_r 为介质的相对介电常数。

探测深度通常是指电磁波振幅衰减为 0 时电磁波所对应的深度,它等于衰减系数的倒数,即

$$d = \frac{1}{s} = \frac{1}{\sqrt{2\pi f \mu \varepsilon} \left\{ \frac{1}{2} \left[\sqrt{1 + \left(\frac{\sigma}{2\pi f \varepsilon} \right)^2} - 1 \right] \right\}^{\frac{1}{2}}} \tag{5-29}$$

式中:s 为衰减系数;ε 为介质的相对介电常数;σ 为介质的电导率;f 为电磁波的中心频率;μ 为介质的磁导率。

从式(5-29)可以看出,影响探测深度的主要因素有三个:第一是天线的中心频率,第二是介质的相对介电常数,第三是介质的电导率。对于磁导率 μ,由于一般的非铁磁性物质的值都比较相近,可以认为它对探测深度没有显著的影响。电导率是指物体传导电流的能力,或者说是电荷在介质中流动的难易程度。金属、水等的电导率很高,岩石和干燥的土壤的电导率很低。电导率影响了电磁波在介质中的穿透深度,其穿透深度随着电导率的增加而减小,对金属而言其穿透深度为 0。也就是说,利用探地雷达探测并不适用于任何地层,当地下介质的电导率大于 10 ms/m 时,探地雷达法并不是一个合适的方法,例如金属矿物地层。

(三) 雷达波的衰减

电磁波在介质中的衰减是由雷达波的频率 f 与介质的介电常数 ε_r、导电率 σ 所决定的,并可由能量衰减系数 s(单位:Np/m)来表示,即

$$s = 2\pi f \varepsilon_r \sigma \tag{5-30}$$

可见,雷达波的衰减与 f、ε_r 和 σ 成正比。当雷达波的频率越高,它在介质中衰减越快,传播距离越短;当电磁波的频率一定时,介质的相对介电常数较大,电导率较大时,探地雷达波会很快衰减,传播距离短,探测的深度浅。

(四)雷达工作原理

雷达的工作原理为:高频电磁波以宽频带脉冲形式,通过发射天线被定向送入被测介质,经存在电性差异的目标体或界面反射后返回并由接收天线接收。电磁波在介质中传播时,其波速、电磁波反射与透射强度均与介质的电磁特性及几何形态有关。所以,通过对回波信号的分析,可判断目标的形态和构造。雷达信号采集及图像剖面的形成过程如图 5-9、图 5-10 所示。

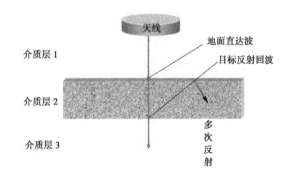

图 5-9　雷达波测试原理图

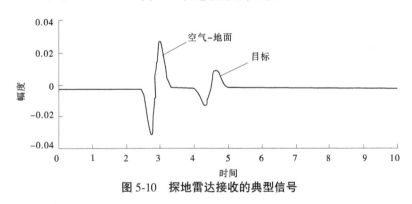

图 5-10　探地雷达接收的典型信号

三、探地雷达的优缺点

(一)探地雷达的优点

(1)现在所使用的探地雷达仪是轻型便利、易于携带的,所以在进行现场探测原则上只需 2~3 人即可,节省不少的人力成本。

(2)探地雷达属于非破坏检测的一种方法,所以进行检测时不会破坏现场,而其探测深度也多符合工程上的需求。

(3)探地雷达探测的速度十分迅速,其探测速度受所设定的取样间距影响,取样间距越大,则探地雷达仪拖曳的速度越快,一般非大范围的管线及孔洞的调查在数小时内即可完成。

（4）探地雷达在施测的测线方向上的坐标位置精确，只有深度位置需要利用共同中点反射法或多角度折射法等回波测速法进行评估，以作为时间坐标及深度转换，一般而言，其深度误差都在工程要求的范围内。

（二）探地雷达的缺点

探地雷达在实际工程运用上仍有局限性，所以选用恰当的天线组及设定适合的探测参数才能使探地雷达在现场试验时有最佳的解析度。

以下为探地雷达的缺点及应注意的事项：

（1）探测深度是探地雷达探测技术的主要限制之一，其探测深度受现场介质性质的影响，如电导率与电磁波的衰减成正比，因此若天线频率固定，则介质的导电率越高、衰减越大，则探测的深度就越浅。

（2）探地雷达天线组的中心频率为最佳解析度的范围，以地下孔洞及管线为例，选用频率为 400 MHz 的天线较为适当。

（3）探地雷达的电磁波会因介质湿度与导电率而改变其传输速率和衰减率，故受测物的电阻不可太低，如水或湿黏土的电阻率较低会造成电磁波衰减过快，造成可探测范围减小。

（4）对探地雷达资料的判断具有一定程度的主观性，因此判断解释者的经验及建立足够的资料库档案进行反复对比，对于判断解释的正确性十分重要。

第三节　基于探地雷达的堤坝无损探测技术

基于探地雷达的无损探测技术包括一系列的工作流程，按照实施的先后顺序依次为测线布置与数据采集、数据处理和数据分析；无损探测技术在工程评价中的应用包括蚁巢位置、蚁巢深度的评价等。下面将对这几个关键过程和应用方面做详细介绍。

一、探地雷达的适用性

堤坝中的蚁巢和堤坝填筑材料的差异，使得介电性质存在巨大的差别。这些特点使得在堤坝工程中探地雷达能在蚁巢探测方面发挥重要作用，即存在很好的适用性。由于蚁巢和堤坝填筑材料介电常数的差异性，电磁波在传播过程中会在分界面上发生反射。根据相邻结构层不同的介电特性，体现在探地雷达检测中的便是反射信号的强弱。于是根据探测数据的差异特点，可以推算出异常体的具体位置及分布规律。

二、探地雷达的数据采集技术

堤坝工程地域的不同使得堤坝所处的工程地质条件各不相同，进而堤坝修建时在铺砌材料的处理和施工中也有较大差异，这一切都会导致在最终的堤坝白蚁蚁巢探测时探地雷达探测的目标体对象与周围介质的不同。因此，在进行探测之前，首先要确定合适的布测方式和数据采集方法，才能获得准确有用的测量数据。

探地雷达堤坝白蚁探测流程如图 5-11 所示。

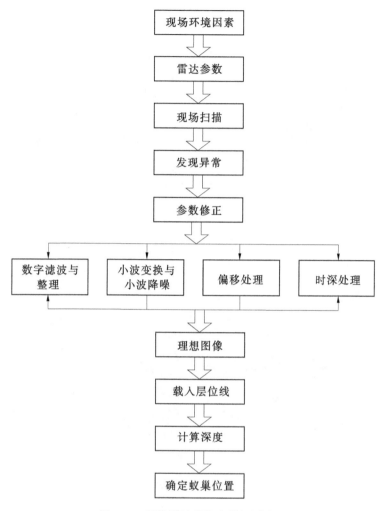

图 5-11　探地雷达堤坝白蚁探测流程

(一) 测前分析

为了顺利有效地实施探地雷达现场探测,需要对探测目标体对象的特点加以分析和预估,根据分析结果拟定探测前的准备工作。测前分析工作主要从以下几个方面展开:

(1) 探测目标体的深度。

通过对往年开挖蚁巢巢穴深度的数据进行统计分析,结果显示白龟山蚁巢巢穴基本上分布在 2 m 深度以内,如图 5-12 所示。

(2) 探测目标体的几何形态、大小与取向。

白蚁蚁巢的分布是没有规律的,并且蚁巢随着时间的推移其大小及数量也是呈递增的趋势,具体的形态如图 5-13 所示。

(二) 测线布置

探测工作实施之前的另一首要任务是建立测区的坐标系统,以便对测线进行布置和规划,并确定测线的最终平面位置。测线的布置需要遵循一定的布置原则,具体如下:

(1) 当探测目标体分布是随机的,且没有规律可循时应采用网格测量方式。

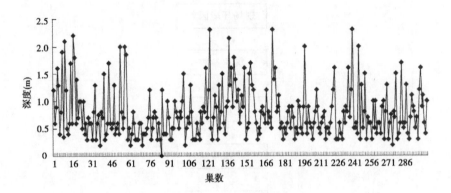

图 5-12　白龟山堤坝白蚁蚁巢深度分布图

图 5-13　白蚁蚁巢巢穴形态图

（2）当探测目标体的体积有限时，应先用大网格小比例尺初步确定目标体的大致位置，再用小网格大比例尺测网详查其具体位置（注意分析介质属性）。

（三）测量参数的确定

采用探地雷达进行实地探测时，需要根据具体探测目标体的特点和所处地质环境选择合适的测量参数，主要包括天线中心频率、时窗宽度、采样频率和扫描速度等。

1. 天线中心频率

选择天线中心频率时，通常要考虑三个主要因素：设计的空间分辨率、杂波的干扰和探测深度。一般情况下，在探测场地条件许可的情况下，首先满足分辨率的要求，应尽量使天线的中心频率较低。如果要求的空间分辨率为 x（单位：m），围岩相对介电常数为 ε_r，则可由下式选定天线的中心频率 f_c：

$$f_c > \frac{75}{x\sqrt{\varepsilon_r}} \tag{5-31}$$

大量实践表明，采用高频天线探测具备精度高的优势，然而正是由于高频天线精度高的特点使得能量扩散较大，从而使得探测深度较浅；反之，低频天线探测的精度虽低，却拥有较深的探测深度。采用探地雷达实际进行探测时,为便于实施探测,并兼顾探测深度和分辨率两个方面,常采用中高频结合的天线进行同时探测。通过对白龟山水库往年开挖蚁巢巢穴深度的统计分析,本项目拟采用 400 MHz 和 900 MHz 的雷达天线相结合的方式进行堤坝的全面探测。

2. 时窗宽度

探地雷达的时窗宽度与探测深度有关,一般根据测深来确定。探测实施前选用的时窗宽度与探地雷达的探测深度存在正相关的关系,即雷达探测越深,则选用的时窗宽度应该越长;探测越浅,则选用的时窗宽度应该越短。实际操作时可以根据具体探测目标体来进行相关的估算。根据估测的最大探测深度 H 和地层电磁波速度 v 或介电常数 ε_r 来估算采样的时窗宽度 w。若已知蚁巢的深度约为 20 cm,介电常数为 16,代入公式 $w = 1.3 \times \dfrac{2H}{v} = 2H\sqrt{\varepsilon_r}/0.3$,计算得 $t = 5.28$ ns,则时窗长度应选 10 ns。在时窗选择时宜稍有富余,这是考虑到地层速度与目标深度的变化留出的余量。

3. 采样频率

从统计学角度上来说,雷达水平采样频率越密,剖面上越能详细地反映堤坝下部白蚁巢穴的情况,因而整体评价堤坝白蚁巢穴的精度越高。然而在实际探测中会因为采样频率过密而使得雷达检测速度降低,同时数据采集量的加大使得探地雷达的工作强度和成本大大提高。在实际探测中,探测的路段长度往往长达几十千米乃至上百千米,此时探地雷达的探测速度和数据量都是不容忽视的。综合考虑上述因素,在实际应用中,以每间隔 1 m 接收一条扫描为宜。

4. 扫描速度

探地雷达的天线在水平方向上移动时每秒扫描的次数称为扫描速度。探地雷达的每一次扫描都能得到一幅回波波形的数据信息,由此可见探地雷达的扫描速度越高,实际探测时每秒获得的数据信息量就越大,因此扫描速度上限越高越好。除要考虑水平分辨率和记录数据量两个因素外,采样点数参数选择也影响着扫描速度。实测时,高速扫频的持续使用很有可能会折减探测仪器的使用寿命,而且考虑到模数转换速度和数据量大小等,当采样点数确定后,首先满足水平分辨率要求,然后可参考表 5-1 对扫描频率适当选取。

表 5-1 采样点数与扫描速度的关系

采样点数(道)	256	512	1 024	2 048
可选道数(秒)	16,32,64	16,32,64	16,32	16,32

在采用探地雷达进行连续测量时,天线的最大移动速度受到三个因素的综合影响:扫描速度、天线宽度和目标体大小。鉴于工程实践要求,至少保证有 20 次扫描经过被测目标体,由此得到天线的最大移动速度 v 应满足下式:

$$v_{max} < (扫描速度/20) \times (天线宽度 + 目标体大小) \tag{5-32}$$

5. 天线的极化方向

天线的极化方向(也称偶极天线的取向)是对目标体进行探测的一个重要方面。当采用不同极化方向的雷达电磁波对目标体进行探测时,一方面可以确定被测目标体的形状,另一方面可以研究被测目标体的固有性质。实际探测经验表明:采取不同的天线极化方向,最终获得的电磁波图像不同,并且伴随着较大的差异背景。

(四)介电常数的估计

利用探地雷达对道路工程质量进行检测,是通过电磁波的形式实现的。于是需要考虑电磁波在地下介质中传播的两个重要参数:介电常数 ε 与传播速度 v。它们是估计被测目标体埋藏深度与穿透介质层厚度的基础,也是后期采集的数据成像和识别等处理手段所必需的参数。

介电常数估计值的获取一般是通过计算来实现的,常用的计算方法主要包括层剥反演估计法、电磁反演估计法和高精度校准测量法。考虑到这三种方法的计算复杂、工作量大等不利于现场操作的特点,在实际工作中,一般根据多次的现场试验和开挖来验证介电常数。

三、堤坝探地雷达的数据处理技术

由于受环境中电磁信号、探测仪器本身噪声和地下介质的复杂性等因素的影响,探地雷达在检测过程中接收的信号,会产生除地层信息外的许多其他干扰因素,从而降低了信号的信噪比,增加了与实际情况的不符合程度,检测结果变得不准确。所以,在利用雷达数据资料进行分析解释之前,采用数据处理技术来压制干扰波信号是非常必要的,从而可以提高信号的信噪比。数据处理是解释雷达剖面图像的重要步骤。数据处理包括文件预处理、增益调整、滤波和成图等处理环节,最终得到各测线的探测结果图。基本流程如下:输入数据—编辑数据—数字滤波—偏移处理—时深转换—编辑图形—输出剖面图。

下面详细介绍各个处理流程的实现过程。

(一)编辑数据

数据编辑的过程一般包括打开文件、切分文件、剖面截取等步骤。鉴于原始数据中难免存在的错误操作、疏漏或冗余数据等情况,针对这些问题,编辑数据就是对数据进行重新组织和修改。在完成数据编辑后,需进行数据的复位和地形改正。若遇到信号幅度值变化较大的情况,还应对信号幅度值进行归一处理。数据编辑是最基本的步骤,尤其是在处理大量数据资料的情况下,必须经过系统的编辑整理后,才能做其他处理和分析。雷达图像数据编辑界面如图5-14所示。

(二)数字滤波和反褶积

数字滤波,即运用数学运算的方式对离散后的信号 $x(i\Delta t)$ 进行滤波处理,因此数字滤波的输入和输出都是离散数据,探地雷达的数据记录是以一系列离散的时间序列数值 $x(i\Delta t)(i=0,1,2,\cdots,n)$ 的形式进行表示的。

鉴于探地雷达的最高有效频率 $f_{\max}$,为一直保持这一最高有效频率,在探地雷达测量时,采样间隔必须满足采样定律

$$\Delta t \leqslant \frac{1}{2f_{\max}} \tag{5-33}$$

数字滤波,作为一种信号处理方法,包括时域滤波和频域滤波。该方法主要是根据数

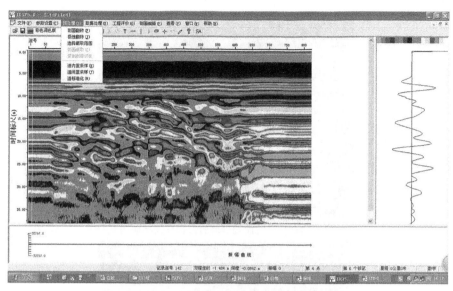

图 5-14　雷达图像数据编辑界面

据图像中有效信号和干扰信号频谱范围的不同来消除干扰波的。数字滤波的主要目的是去掉数据中干扰和噪声成分,从而保留和加强有用信号。实际收集的数据信号往往混杂着有用信号和干扰信号,处理时仔细分析信号频谱,并且需要多种滤波手段结合进行,以取得最佳效果。根据干扰信号频谱的不同分布,可以采取低通、高通或带通的方法。图 5-15(a)为原始雷达探测数据,图 5-15(b)为经过滤波处理后的数据,对比分析可知,信噪比得到明显的提高。

(三)小波变换与小波降噪

目前,小波变换在图像和信号处理等领域的应用比较广泛。对于瞬态非平稳信号分析、目标信号检测、目标识别和信号降噪等方面而言,小波变换可以发挥非常重要的作用。小波变换的优点在于它可以通过多尺度,按照不同频率去分解信号中的各个子信号成分,并将其释放到不同的子空间之中,进而分辨出被测信号任意部位的频率分量。于是就实现了对被处理信号的多分辨分析和识别,并能有效地拾取强度微弱的信号。

小波变换用于信号降噪处理的步骤如下:

(1)先利用多小波对信号进行分解,在分解后的高频部分中通常包含噪声。

(2)基于噪声的先验理论,设置门限阈值,处理小波系数。

(3)重构处理后的系数。

实践证明,小波变换是一种可以有效地去除雷达信号噪声的信号处理技术,能够达到去伪存真的效果。即最大程度地还原信号,并保持信号尽可能小部分失真,而且能够对于那些被噪声湮没的信号的局部细节部分有恢复还原的效果。

(四)偏移处理技术

偏移处理即偏移归位处理,是地震资料数字处理中用来提高分辨率的重要处理技术。鉴于探地雷达方法与反射波地震方法的相似性,可将偏移技术应用到探地雷达资料的处理中。因为雷达记录,就相对真实的地下构造而言,不是完整无缺的复制,而只是一个歪

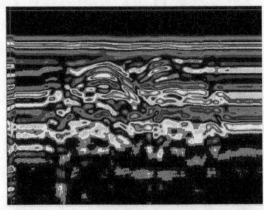

(a) 数字滤波处理前的雷达反馈剖面图

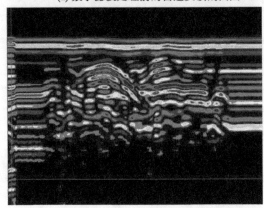

(b) 数字滤波处理后的雷达反馈剖面图

图 5-15　数字滤波处理

曲模糊化的复杂图像。为了修正记录或剖面上的复杂现象,使反射波正确归位,绕射波自动收敛,可引入偏移处理技术使记录图像的分辨率得到提高,得到与地下构造原像极为相似的图像,如图 5-16 所示。

(五) 时深变换技术

利用求取地下介质中电磁波的传播速度和时间求取探测深度的过程,即时深变换,通过公式 $h = v \times \dfrac{T}{2}$ 来进行时深换算。探地雷达检测资料数据处理,是一种结合数学、物理、信号处理、计算机技术和工程地质知识的综合处理方法,需要紧密联系具体问题、实际检测资料以及试验对比进行,要整体考虑各种处理参数及处理流程的所有组合试验,才能获得最佳参数和流程,计算工作量大、难度高。通过对探地雷达的探测资料进行数据处理,实现了对于原始接收数据的筛选和剔除,可以得到信噪比较高的数据信息。此外,还需要结合地质资料和工程结构信息尽量剔除假异常,得到真实的地下结构信息,使雷达探测结果尽最大程度与工程真实情况相对应。

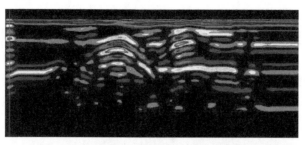

(a) 偏移处理前的雷达反馈剖面图

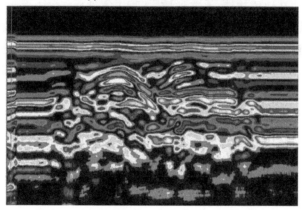

(b) 偏移处理后的雷达反馈剖面图

图 5-16　偏移处理技术

四、小结

本节针对探地雷达无损探测技术做了详细的介绍,主要是工程中采用探地雷达进行无损探测的基本操作步骤给予展开,即数据采集、数据处理和数据分析三大部分。

（1）数据采集部分。

在数据采集前,须先对目标体的特征和所处环境进行分析,以确定测网的布置形式,并根据实际情况选择合适的测量参数。

（2）数据处理部分。

重点介绍了探地雷达的几项重要的数据处理技术。数据处理是图像解译的关键步骤,基本流程为:数据输入—数据编辑—数值滤波—偏移处理—时深变换—图形编辑—输出剖面图。

（3）数据分析部分。

实施对于探地雷达数据资料的解释就是通过对雷达剖面的分析,获得准确有效的地层特征信息。电磁波传播速度 v 与介电常数 s 是数据处理和数据分析过程中的两个重要参数,它们是估测介质层厚度与隐蔽目标体深度的依据,在随后的成像处理和识别等方面也是必须用到的。于是,针对这一点,本节结合理论计算和工程取值两方面对介电常数估计值进行了探讨,关于估测探地雷达波速的几种主要方法及其适用性也做出了具体的介绍。

第四节　基于高密度电阻率法的无损探测技术

高密度电阻率法是以地下被探测目标体与周围介质之间的电性差异为基础,人工建立地下稳定直流电场,依据预先布置的若干道电极采用预定装置排列形式进行扫描观测,研究地下一定范围内大量丰富的空间电阻率变化,从而查明和研究有关地质问题的一种直流电法勘探方法。

高密度电阻率法在地质构造、水文地质、工程灾害地质、考古、岩溶洞穴探测等各领域得到了广泛应用,解决了大量实际问题,创造了较好的社会效益及经济效益。与常规直流电法相比,高密度电阻率法具有成本低、效益高、信息丰富等优点,可探测岩溶、洞穴、断层、破碎带、路基状态、采空区、翻浆冒泥和地质界线的产状等,用途广泛。

一、高密度电阻率法的基本原理

高密度电阻率法是以岩土介质的导电性差异为基础,通过观测和研究人工建立的地中稳电流场的分布规律从而来达到解决某些地质问题的目的。由于岩土体导电性差异的普遍存在,因而使高密度电阻率法在岩土体相关的领域中得到了广泛应用。

电阻率是表示物质导电性的基本参数,某种物质的电阻率实际上是当电流垂直通过由该物质所组成的边长为 1 m 的立方体时而呈现的电阻。电阻率的单位用欧姆·米来表示(或 $\Omega \cdot m$)。

假设待测区域内,大地电阻率是均匀的,对于测量均匀大地电阻率值,原则上可以采用任意形式的电极排列来进行,即在地表任意两点(A、B)供电,然后在任意两点(M、N)来测量其间的电位差,根据式(5-34)便可求出 M、N 两点的电位。

$$U_M = \frac{I\rho}{2\pi}(\frac{1}{AM} - \frac{1}{BM}) \tag{5-34}$$

显然,AB 在 MN 间所产生的电位差

$$\Delta U_{MN} = \frac{I\rho}{2\pi}(\frac{1}{AM} - \frac{1}{AN} - \frac{1}{BM} + \frac{1}{BN}) \tag{5-35}$$

由式(5-35)可得均匀大地电阻率的计算公式为

$$\rho = K \frac{\Delta U_{MN}}{I} \tag{5-36}$$

其中

$$K = \frac{2\pi}{\frac{1}{AM} - \frac{1}{AN} - \frac{1}{BM} + \frac{1}{BN}} \tag{5-37}$$

式(5-36)即为在均匀大地的地表采用任意电极装置(或电极排列)测量电阻率的基本公式。其中,K 为电极装置系数(或电极排列系数),是一个只与电极的空间位置有关的物理量。考虑到实际的需要,在电阻率法勘探中,一般总是把供电电极和测量电极置于一条直线上,图 5-17 所示的电极排列形式称为四极排列。

前文讨论了测量均匀大地电阻率的方法,并且推导出了电阻率的计算公式。但是,在

野外实际条件下,经常遇到地质断面在电性上不均匀和比较复杂的,如仍用上述方法进行电阻率测定,实际上相当于将本来不均匀的地电断面用某一等效的均匀断面来代替,故由式(5-36)计算的电阻率,不是某一岩层的真实电阻率,而是在电场

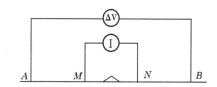

图 5-17　利用四极排列测量均匀大地的电阻率

分布范围内、各种岩石电阻率综合影响的结果,称其为视电阻率,并用 ρ_s 来表示:

$$\rho_s = K\frac{\Delta U_{MN}}{I} \tag{5-38}$$

式(5-38)是电阻率法中最基本的计算公式。由此可见,在电阻率的实际工作中,一般测得的都是视电阻率值,只有电极排列位于某种单一岩性的地层中时,才会测到该地层的真电阻率值。

当 $MN \ll AB$ 时,其间的电场可以认为是均匀的,因此

$$\Delta U_{MN} = E_{MN} \cdot \overline{MN} = j_{MN} \cdot \rho_{MN} \cdot \overline{MN} \tag{5-39}$$

式中:$\overline{MN}$ 为测量电极间的距离;j_{MN} 为 MN 处的电流密度;ρ_{MN} 为 MN 所在介质的真电阻率值。

将式(5-39)代入式(5-38),则

$$\rho_s = K\frac{j_{MN} \cdot \rho_{MN} \cdot \overline{MN}}{I} \tag{5-40}$$

显然,当地下介质均匀时,可把 j_{MN}、ρ_{MN} 用 j_0、ρ_0 来表示,于是

$$\rho_0 = K\frac{j_0 \cdot \rho_0 \cdot \overline{MN}}{I} \tag{5-41}$$

经整理有 $\dfrac{1}{j_0} = K\dfrac{\overline{MN}}{I}$,将其代入式(5-40),便得到

$$\rho_s = K\frac{\overline{MN}}{I} \cdot j_{MN} \cdot \rho_{MN} = \frac{j_{MN}}{j_0}\rho_{MN} \tag{5-42}$$

式(5-42)就是视电阻率和电流密度的关系式,或称为视电阻率的微分公式。它表明某点的视电阻率和测量电极所在介质的真电阻率成正比,其比例系数就是 j_{MN}/j_0,这是测量电极间实际电流密度与假设地下为均匀介质时正常场电流密度之比。

显然,j_{MN} 包含了在电场分布范围内各种电性地质体的综合影响。当地下半空间有低阻抗体存在时,正常电流线被阻体所吸引,使地表 MN 处的实际电流密度减少,所以 $j_{MN} < j_0$,故 $\rho_s < \rho_{MN}$;相反,当地下半空间有高阻抗体存在时,由于正常电流线被高阻抗体所排斥,使地表 MN 处的实际电流密度增加,所以 $j_{MN} > j_0$,故 $\rho_s > \rho_{MN}$。通过在地表观测视电阻率的变化,便可揭示地下电性不均匀地质体的存在和分布。这就是电阻率法之所以能够解决有关地质问题的基本物理依据。显然,视电阻率的异常分布除与地质对象的电性和产状有关外,还与电极装置有关。

二、高密度电阻率法基本原理

高密度电阻率法的工作原理是基于垂直电测深、电测剖面和电阻率层析成像，通过高密度电阻率法测量系统中的软件，控制着在同一条多芯电缆上布置连结的多个（60~120 个）电极，使其自动组成多个垂向测深点或多个不同深度的探测断面，根据控制系统中选择的探测装置类型，对电极进行相应的排列组合，按照测点位置的排列顺序或探测断面的深度顺序，逐点或逐层探测，实现供电和测量电极的自动布点、自动跑极、自动供电、自动观测、自动记录、自动计算、自动存储。通过数据传输软件把探测系统中存储的探测数据调入计算机中，经软件对数据处理后，可自动生成各测深点曲线及各断面层或整体地电断面的图像。

（一）垂直直流电测深法

垂直直流电测深法是研究指定地点岩层的电阻率随深度变化的一种检测方法。该方法是在地面上以测点为中心，从近到远逐渐增加观测装置距离进行测量，根据视电阻率随极距的变化可划分不同电性层，了解垂直分布，计算其埋深及厚度。

（二）电测剖面法

电测剖面法就是在供电和测量电极保持一定距离，按一定的探测深度，沿着测线方向逐点进行观测，以获得电阻率曲线，以此反映一定深度内电性层的变化情况，即电阻率剖面法是研究岩层电阻率在一定深度范围内的水平方向上物性变化的探测方法。

（三）电阻率层析成像

所谓层析成像，就是从调查对象各个方向，收集其内部大量的投影数据，用其反映目标体内部的物性值分布，作为断面再构造图像的一种技术。最早的层析成像起源于医学中的 X 射线层析成像 CT。电阻率层析成像（简称成像）是利用探测区周围在各个方向观测的直流电场来研究地下介质电阻率分布。在介质中发射一次电流，由于地下介质的不均匀性，使得一次电流的分布发生变化，这一变化又引起电位的改变。介质中空间变化的电位，在地面和井孔中都可观测到。将观测到的电位转换成电阻率，通过多方位观测得到投影数据资料，故最终能进行电阻率层析成像。

高密度直流电法仍然是以地下介质电性差异为基础，研究在施加电场的作用下地下传导电流的分布情况，求解简单地电条件的电场分析时，通常采用解析法，即根据给定边界条件，解以下偏微分方程：

$$\nabla^2 U = -\frac{I}{\sigma}\delta(x-x_0)\delta(y-y_0)\delta(z-z_0) \tag{5-43}$$

式中：x_0、y_0、z_0 为源点坐标；x、y、z 为场点坐标；当 $x \neq x_0$，$y \neq y_0$，$z \neq z_0$，即只考虑无源空间时，式（5-43）变为拉氏方程：

$$\nabla^2 U = 0 \tag{5-44}$$

解析法能够计算的地电模型非常有限。在研究复杂地电结构的异常分析时，主要还是采用各种数值模拟方法（有限单元法、有限差分法、积分方程法、边界元法等）。例如：对于二维地电模型，选用了点源二维有限元法；对于三维地电模型，则选用了面积积分方程法。

三、高密度电阻率法的电极装置及测量

高密度电阻率法可以根据不同的勘探对象和地质条件选择不同的装置形式或组合，其常见的电极装置有温纳四极、偶极和微分装置。电极组合方式如图 5-18 所示。

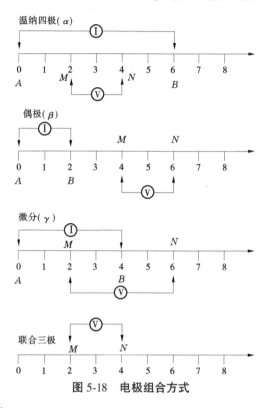

图 5-18　电极组合方式

其装置系数依次为

$$K_\alpha = 2\pi \cdot \Delta x \tag{5-45}$$

$$K_\beta = 6\pi \cdot \Delta x \tag{5-46}$$

$$K_\gamma = 3\pi \cdot \Delta x \tag{5-47}$$

式中：Δx 为电极距。

视电阻率计算公式为

$$\rho_s^\alpha = \frac{K_\alpha \cdot \Delta U^\alpha}{I} \tag{5-48}$$

$$\rho_s^\beta = \frac{K_\beta \cdot \Delta U^\beta}{I} \tag{5-49}$$

$$\rho_s^\gamma = \frac{K_\gamma \cdot \Delta U^\gamma}{I} \tag{5-50}$$

此外，根据需要可增设无穷远极，进行联合三级测量，相应的视电阻率计算公式为

$$\rho_s^A = \frac{4\pi \cdot \Delta x \cdot \Delta U^A}{I} \tag{5-51}$$

$$\rho_s^B = \frac{4\pi \cdot \Delta x \cdot \Delta U^B}{I} \tag{5-52}$$

上述几种装置形式在实际工作中可以同时选择,也可以选择其中的 1~2 种。一般而言,不同装置对地质体的异常反应大致相同,但又具有不同的特点。

(1)相对而言,温纳四极分辨能力低,而偶极、微分和联合三极分辨能力高。

(2)对地形起伏、表面不均匀等干扰,温纳四极的影响较小,而其他三种不对称电极则影响较大。

(3)异常幅度偶极法最大,联合三极和微分次之,温纳四极最小。

(4)异常形态,温纳四极简单,异常小而明显,偶极、微分随极距变化伴随异常相对较明显,联合三极也是如此。

在实际勘测工作中,可以根据勘测对象、地形条件的不同来选择相应的装置,以达到最佳的勘测效果。

高密度电阻率法现有的系统设备可以支持十几种测量装置。其中,α 排列、β 排列、γ 排列、δA 排列、δB 排列、α₂ 排列、自动 M 排列、自动 MN 排列、充电 M 排列、充电 MN 排列适于固定断面扫描测量;A-M、A-MN、MN-B、AB-MN、A-MN-B、跨空等电极排列适于变断面连续滚动扫描。

(一)固定断面扫描装置及测量

该测量方法在测量时以剖面线为单位进行测量,启动一次测量最少测一条剖面线,存储与显示均以剖面线为单位进行。一个断面由若干条剖面线组成,且每条剖面线有唯一的编号,简称剖面号。现将 α、β、γ、α₂ 四种固定断面扫描的电极排列及测量断面介绍如下。

1. α 排列(温纳装置 AMNB)

排列固定扫描如图 5-19 所示,测量时,$AM = MN = NB$ 为一个电极间距,A、M、N、B 逐点同时向右移动,得到第一条剖面线;接着 AM、MN、NB 增大一个电极间距,A、M、N、B 逐点同时向右移动,得到另一条剖面线;这样不断扫描测量下去,得到倒梯形断面。

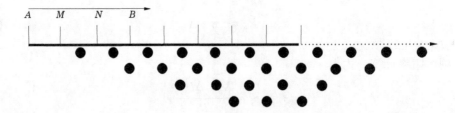

图 5-19　α 排列固定扫描示意

温纳排列的数据点分布特点是每一层的数据个数比上一层少 3 个,根据这一特点就可以计算以下数据(P_{sum}—实际埋设的电极总数;n—当前层编号;a—最小电极间距)。

任意层的记录个数 N_{rec}

$$N_{\text{rec}} = P_{\text{sum}} - 3n \tag{5-53}$$

任意层的剖面长度 l

$$l = a[(P_{sum} - 1) - 3n] \tag{5-54}$$

任意点(i,j)的记录坐标$(x_{i,j}, y_{i,j})$

$$x_{i,j} = 3ia/2 + a(i - 1) \tag{5-55}$$

$$y_{i,j} = ja$$

其他排列可以根据各自的特点推出相应的计算公式。

2. β 排列(偶极装置 $ABMN$)

β 排列固定扫描如图 5-20 所示。测量时,AB、BM、MN 为一个电极间距,$AB = BM = MN$,A、B、M、N 逐点同时向右移动,得到第一条剖面线;接着 AB、BM、MN 增大一个电极间距,A、B、M、N 逐点同时向右移动,得到另一条剖面线;这样不断扫描测量下去,得到倒梯形断面。

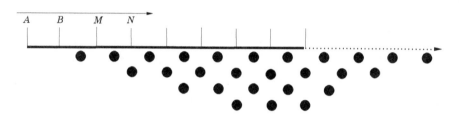

图 5-20 β 排列固定扫描示意

3. γ 排列(微分装置 $AMNB$)

γ 排列固定扫描如图 5-21 所示。该装置测量断面为倒梯形。测量时,AM、MN、NB 为一个电极间距,$AM = MN = NB$,A、M、N、B 逐点同时向右移动,得到第一条剖面线;接着 AM、NB 增大一个电极间距,MN 始终为一个电极间距,A、M、N、B 逐点同时向右移动,得到另一条剖面线;这样不断扫描测量下去,得到倒梯形断面。

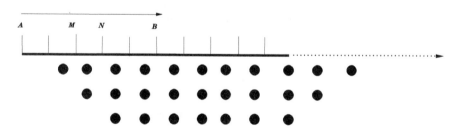

图 5-21 γ 排列固定扫描示意

4. α_2 排列

α_2 排列固定扫描如图 5-22 所示。该装置测量断面为倒梯形。测量时,AM、MN、NB 为一个电极间距 $AM = MN = NB$,A、M、N、B 逐点同时向右移动,得到第一条剖面线;接着 AM、NB 增大一个电极间距,MN 始终为一个电极间距,A、M、N、B 逐点同时向右移动,得到另一条剖面线;这样不断扫描测量下去,得到倒梯形断面。

(二)变断面连续滚动扫描装置及测量

该测量方法在测量时以滚动线为单位进行测量,启动一次测量最少测一条滚动线,存

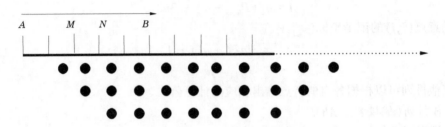

图 5-22　α_2 排列固定扫描示意

储与显示时则仍以剖面线为单位进行。滚动线是一条沿深度方向的直线或斜线(不可视线),各测点等距分布其上,所有滚动线上相同测点号的测点构成一条剖面,不同深度的测点位于不同剖面上,一条滚动线上的测点数等于断面的剖面数。一个断面由若干条滚动线组成,且每条滚动线有唯一编号,简称滚动号。

　　测量一条滚动线的过程称作单次滚动,即在保持供电电极与某个电极接通不动的情况下沿测线方向(电极号由小到大)移动测量电极,测量电极与供电电极间距起始为一个基本点距,测量并存储当前点电阻率后便移动一次测量电极,每次移动一个基本点距,重复上述测量移动过程,直至测量点数等于剖面数。现将 A-M 二级排列、A-M 三级排列、MN-B 排列、矩形 A-M 排列四种变断面连续滚动扫描测量的电极排列及测量断面介绍如下。

　　1. A-M 二级排列

　　A-M 排列变断面连续滚动扫描如图 5-23 所示。测量时,A 不动,M 逐点向右移动,得到一条滚动线;接着 A、M 同时向右移动一个电极,A 不动,M 逐点向右移动,得到另一条滚动线;如此不断滚动测量下去,得到平行四边形断面。

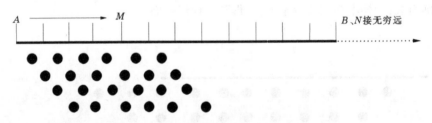

图 5-23　A-M 排列变断面连续滚动扫描示意

　　根据 A-M 二级排列的数据点分布特点:

$$N_{\max} = P_{\text{sum}} - (2 - 1) \tag{5-56}$$

式中:$N_{\max}$ 为最大剖面数;P_{sum} 为实接电极数。

　　若设定断面剖面数为 $N(N \leqslant N_{\max})$,则在不移动电极的情况下可连续测量的滚动线条数 R_n 由下式确定:

$$R_n = N_{\max} - (N - 1) \tag{5-57}$$

　　若设定断面滚动总数为 R_{sum},则测量完全部滚动线须移动布置电极次数由下式确定:

$$M = R_{\text{sum}}/R_n(整除) \quad 或 \quad M = [R_{\text{sum}}/R_n] + 1 (不整除) \tag{5-58}$$

式中:[…]表示取整数部分。

$$断面总测点数 = 滚动(线)总数 \times 剖面数 \qquad (5-59)$$

其他排列可以根据各自的特点推出相应的计算公式。

2. A-MN 三极排列

A-MN 三极排列变断面连续滚动扫描如图 5-24 所示。测量时,A 不动,M、N 逐点向右同时移动,得到一条滚动线;接着 A、M、N 同时向右移动一个电极,A 不动,M、N 逐点向右同时移动,得到另一条滚动线;这样不断滚动测量下去,得到平行四边形断面。

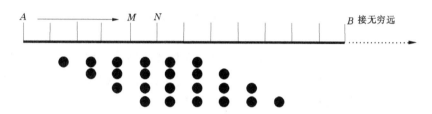

图 5-24　A-MN 三极排列变断面连续滚动扫描示意

3. MN-B 排列

MN-B 排列变断面连续滚动扫描如图 5-25 所示。测量时,M、N 不动,B 逐点向右移动,得到一条滚动线;接着 M、N、B 同时向右移动一个电极,M、N 不动,B 逐点向右移动,得到另一条滚动线;这样不断滚动测量下去,得到矩形断面。

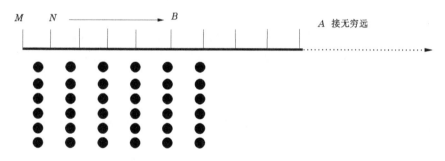

图 5-25　MN-B 排列变断面连续滚动扫描示意

4. A-MN 排列

A-MN 排列变断面连续滚动扫描如图 5-26 所示。测量时,M、N 不动,A 逐点向左移动,得到一条滚动线;接着 A、M、N 同时向右移动一个电极,然后 M、N 不动,A 再逐点向左移动,又得到另一条滚动线;这样不断滚动测量下去,得到矩形断面。

四、高密度电阻率法对蚁巢病害检测的特性与技术要求

(一)高密度电阻率法对蚁巢检测的适用性

高密度电阻率法的工作原理是以岩土体的电性差异为基础的一种电探方法,根据在施加电场作用下地中传导电流的分布规律,推断地下具有不同电阻率的地质体的赋存情况。

水对介质电阻率的影响较大,介质含水越丰富,电阻率就越低,应用高密度电阻率法

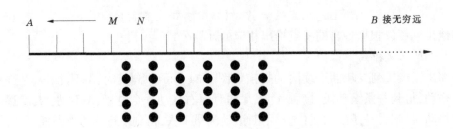

图 5-26　A-MN 排列变断面连续滚动扫描示意

很容易探测到介质电阻率的差异,从而达到推测介质含水情况。蚁巢是由白蚁用体液和黄土筑成的椭球体,巢内为空的,而且蚁巢是绝对防水的,因此蚁巢的电阻率比其周围土壤高几十倍,与周围土壤相比是一个明显的局部高阻体。

(二)高密度电阻率法的优点

(1)从实际应用例子来看,高密度电阻率法是能够探测到埋深在 4 m 以内,直径为 0.6~1 m 的大的白蚁主巢,而且效果很好。在田野白蚁主巢的探测中,是一种非常经济实用的方法。

(2)高密度电阻率法测量系统可采用密集的电测深点距,数据信息采集量大,高密度反演成果图颜色分明,层次清晰,比较直观。反映的地质信息更加丰富、全面,更接近实际。

(3)使用三维高密度电阻率法勘探系统探测白蚁主巢,将有助于提高工效。

(4)尽管高密度电阻率法能够探测到白蚁主巢,但专业白蚁防治人员的现场调查和经验将有助于确定靶区,加快普查速度。

(三)高密度电阻率法的局限性

(1)相对于探地雷达,高密度电阻率法的分辨率较低,对于体积较小的蚁巢探测效果较差。

(2)高密度电阻率法需要人工布设电极,每次测线的布置和转移耗时较长,相对于探地雷达探测速度较慢。

(3)对于深度比较浅的蚁巢探测,由于地表干扰较大,例如存在碎石等干扰物,比较难以准确判断。

(四)技术要求

高密度电阻率法的工作布置应符合下列规定:

(1)测量点距应根据探测对象的大小和埋深确定,装置长度宜大于探测对象埋深的 4 倍。

(2)观测装置沿测线移动时,每次移动的距离应保证勘探深度范围内数据连续。

(3)测量剖面应超出勘探测线两端各 1/3 装置长度。

高密度电阻率法的数据采集应符合下列规定:

(1)采用温纳、偶极、梯度等多种观测装置时,严禁采用相互换算的数据作为观测数据。

（2）测量应采用极化较小的同一种电极和正负交替的供电方式供电。

五、高密度电阻率法的资料处理与分析

高密度电阻率法能够在一个剖面上采集不同装置和不同极距的大量数据,包含有丰富的地质信息,根据需要对数据做适当的技术处理,可进一步反映地质对象的赋存状态。高密度电阻率法数据处理包括修饰性处理和实质性处理两部分。

（一）修饰性处理

修饰性处理是针对由于地下不均匀体的存在,布设电极的接地电阻大、地形起伏及地质噪声等因素的影响,都会产生干扰异常,为能得到真实的结果,一般要对原始数据进行预处理,以达到剔除干扰异常的目的。修饰性处理主要包括相邻断面的数据拼接、二位插值和滤波处理、地形改正等方面。

1. 数据拼接

数据拼接主要是对相邻数据断面重叠的部分进行处理。在实际工作中,经常会遇到长剖面测量中两相邻断面有数据重叠部分,为了能够对长断面数据进行解释,而且还要两相邻断面有数据重叠区域因处理不当压制异常成分或造成伪异常,故对重叠数据进行再处理(见图5-27)。其处理方法主要是对重叠数据取平均值,并沿剖面方向做平滑,使两相邻数据在重叠区域能够平滑过渡。

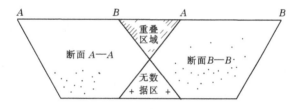

图5-27 两相邻数据断面衔接示意

2. 二位插值

在实际工作中,由于一些特殊情况,两相邻数据断面不能完全衔接,形成数据空缺,如图5-27所示。为了便于对整个长数据断面进行二位反演及地质解释,故需要对其进行二位插值,使其形成完整的数据体。

3. 滤波处理

在高密度电阻率法测量中,由于电极接触不好或存在其他方面的干扰等因素,常常使数据断面出现一些虚假点或突变点,进而造成电阻率拟断面图的虚假异常,难以对其进行准确解释,所以要剔除数据断面中的虚假点。电极打好后,同一根电极可能是供电电极或测量电极,如果某个电极接触不好,对于供电回路,直接影响着供电电流的大小,从而影响着电位差的测量精度;对于测量回路,会产生读数不稳定或出现假异常,最终使整个断面记录出现"八"字形假异常。因此,在仪器开始扫描之前,一定要对电极的接触情况进行检查,对接触不好的电极要设法处理,条件允许时,最好对电极进行浇水处理,改善电极接地条件,提高数据的采集质量。但是当野外条件不允许,无法改善电极接地条件时,则只能先将数据记录下来,然后再剔除掉断面记录中的虚假数据。

4. 地形改正

高密度电阻率法与其他电磁场测量方法一样,观测视电阻率曲线亦受地形影响而发生畸变,常使反演结构出现假异常层或假构造。在实际工作中,起伏较大的地形引起电性异常足以掩盖真异常,从而大大地增加分析难度,甚至失去探测意义。

(二)实质性处理

电阻率数据经过修饰性处理以后,要使其能够准确地反映地下地质构造的形态、埋深、规模等情况,还需要对其进行再处理,即实质性处理。高密度电阻率法数据处理方法的种类比较繁多,通常包含比值计算、电阻率成像反演等方法。

1. 比值计算

由于高密度电阻率测量系统支持多种电极排列方式,只要把电极一次性布设好后,就可以使用多种电极排列方式进行视电阻率参数测定,并且还可以把用不同排列方式测得的视电阻率参数换算为其他比值参数。利用比值参数的目的是提高视电阻率参数的分辨率和解释精度,减少因仅用单一参数经常出现的多解性。

目前,高密度电阻率法中比值参数有两类:一类是直接用三电位电极系统测量结果加以组合而成;另一类是利用联合三极测量结果加以组合换算出来。两种比值参数不仅具有以更加醒目的方式再现原有异常的能力,而且大大改善了视电阻率参数反映地下目标物赋存状况的能力。

2. 电阻率成像反演

随着计算机和微电子技术的迅速发展,应用计算机对观测方式进行控制、数据处理及计算结果可视化的高密度电阻率法成像研究已经取得很大进展,用数值方法模拟地电响应取得实质性突破,模拟试验获得了成功,给工程检测带来了新的处理技术,通过该方法使许多地质问题得到较好的解决。目前来讲,反演方法主要有模拟法、目标相关法、佐迪反演法、准牛顿最优化非线性最小二乘新算法等。其中,Loke 和 Barker 的准牛顿最优化非线性最小二乘新算法已经商品化。数据处理主要经过以下几个步骤:电脑接收采集数据—将数据进行存盘—数据圆滑—对数据进行格式转换—合并文件—编辑断面数据—形成 ρ_s 断面。这种算法使得大量数据的计算速度较常规最小二乘法快 10 倍以上。圆滑约束最小二乘法基于以下方程:

$$(J'J + uF)d = J'g \tag{5-60}$$

式中: $F = f_x f'_x + f_z f'_z$, f_x 为水平平滑滤波系数矩阵, f_z 为垂直平滑滤波系数矩阵; J 为偏导数矩阵, J' 为 J 的转置矩阵; u 为阻尼系数; d 为模型参数修改矢量; g 为残差矢量。

反演程序使用的二维模型把地下空间分为许多模型子块。然后确定这些子块的电阻率,使得正演计算出的视电阻率拟断面与实测拟断面相吻合。对于每一层子块的厚度与电极距之间给一定的比例系数。最优化方法主要靠调节模型子块的电阻率来减小正演值与实测视电阻率值的差异。这种差异用均方误差(RMS)来衡量。然而,有时最低均方误差值的模型却显示出了模型电阻率值巨大且不切实际的变化,从地质勘察角度而言,这并不总是最好的模型。通常,最谨慎的逼近是选取迭代后均方误差不再明显改变的模型,这通常在第三次迭代和第五次迭代之中出现。

数据圆滑是资料处理的常用方法之一,原则上适用于各种电极排列的测量结果,但是考虑到偶极排列(包括偶极·偶极、单极·偶极和排列)异常和地电体之间具有较复杂的对应关系,因此一般只对温纳四极排列(α排列和施伦贝谢尔排列)的测量结果进行圆滑处理。圆滑处理一般采用坏点切除和滑动平均等。按高密度电阻率数据进行二维反演,获得视电阻率影像断面、剖面成果图,自动提供定性和定量解释结果,大大提高分析解释效果及精度。高密度电阻率法剖面一般采用拟断面等值线图、彩色图或灰度图表示,由于它表征了地电断面每一测点视电阻率的相对变化,因此该图在反映地电结构特征方面具有更为直观和形象的特点。

(三)结果图示

高密度电阻率法可形成大量的成果图件,可以直观、形象、生动地反映地电断面的电性分布和构造特征。

高密度电阻率法的成果图件有以下几种:

(1)各种参数(ρ_s^{α}、ρ_s^{β}、ρ_s^{γ}以及其他方法处理对应的参数)的等值线断面图。

(2)各种参数的分级断面图(灰度图)。

(3)各种参数不同隔离系数的剖面图。

(四)分析解释原则

数据资料分析解释的原则有:

(1)异常的定性解释。分析对比各种参数断面图,正确区分正常场和异常场,根据参数等值线梯度变化密集程度确定异常大致分布特征。

(2)异常的定量解释。定量解释的方法主要有特征点法、数值模拟法等。解释的目标体与围岩电阻率都应较均匀,对于几何形态近似为规则体(球、柱、板状等)的,可采用经验公式确定其规模及埋深;对于不规则勘探对象,可利用二维反演方式进一步确定异常源的空间分布特征。

(3)地质推断解释。合理利用定性解释和定量解释的结论,结合地质情况,最终做出地质推断解释。

六、小结

本节介绍了高密度电阻率法的工作原理、工作方法、资料处理技术和分析解释方法,给出了高密度电阻率法在堤坝白蚁病害探测中的应用依据,为高密度电阻率法在堤坝白蚁病害检测中的应用提供了技术支持。

第五节 工程实例

探地雷达和高密度电阻率法仪,作为无损检测设备,可以实现穿透工程表面对其内部结构进行反馈的目的,并以直观、无损、快速、高精度等许多优点受到工程界的亲睐,越来越多地被应用到工程质量检测评估中。同时,它还可用在较大范围的工程缺陷和隐患的探查。国内外都已广泛开展了探地雷达的应用研究,并取得很多研究成果。本节结合白龟山水库工程检测实例,主要针对堤坝白蚁隐患病害情况进行了研究和分析。

一、工程概况

白龟山水库位于淮河流域沙颍河水系沙河干流上,大坝位于平顶山市西南郊,距市中心 9 km。水库始建于 1958 年,1966 年 8 月竣工,水库容量 6.49 亿 m³。上游有昭平台水库,下游有泥沙洼滞洪区,左临沙颍河上有白沙水库,是一座综合治理沙颍河的水利枢纽工程。下游为京广铁路干线和平顶山、漯河、周口三市及豫皖平原,位置极为重要。水库控制流域面积 2 740 km²,其中昭平台水库、白龟山水库间流域面积 1 310 km²,水库多年平均降水量 900 mm,多年平均径流量 4.23 亿 m³。水库工程按 100 年一遇洪水设计、1 000 年一遇洪水校核,1998 年 10 月进行了除险加固工程,达到 2 000 年一遇洪水校核,总库容达到 9.22 亿 m³,是一座以防洪为主,兼顾农业灌溉、工业和城市供水综合利用的大(2)型年调节半平原水库。

白龟山水库大坝分拦河坝与顺河坝。本次选取顺河坝段作为本项目的推广试验段(见图 5-28)。顺河坝东起白龟山(泄洪闸南翼墙),沿沙颍河南岸一级阶地顺河西去,全长 18.016 km,根据填筑材料的不同,将顺河坝段分为三种坝形,即杂填土坝段、均质土坝段、沙土坝段。

图 5-28　探测现场图

二、无损探测技术的应用

(一)无损探测设备

本试验使用中国电波传播研究所研制的 LTD-2100 型探地雷达系统(见图 5-29)和重庆奔腾公司生产的 WDJD-3 型高密度电阻率法仪(见图 5-30)。

LTD-2100 型探地雷达为轻型、便携式、单通道的地面穿地雷达系统。它可以实时地观测探测资料或者回放显示资料。

(二)探地雷达现场测线布置

本次试验选用的雷达天线中心频率为 400 MHz,结合白龟山水库大坝的特点,探地雷达探测时测线采用网格测线布置,布置如图 5-31 所示。为了对大坝进行全面的普查,减少人为操作时的误差,数据采集方法选择连续探测方式,只需拖动天线,系统将依据扫描速度的设定自动采集数据,并将采集到的雷达数据存入硬盘中。

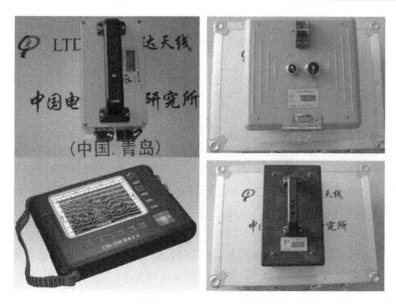

图 5-29 LTD-2100 型探地雷达主机和天线

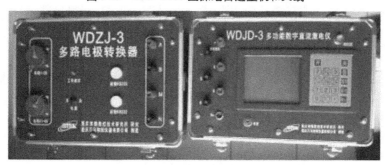

图 5-30 WDJD-3 型高密度电阻率法仪

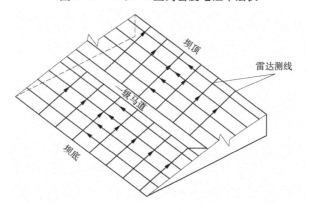

图 5-31 雷达测线布置

(三)探测参数的确定

利用无损探测设备进行探测,关键是获得真实、直观的图像资料,而获取有效信号的根本是数据采集。因此,在进行探地雷达的数据采集阶段,应尽量选取适当的测量参数,以使所要了解的地下目标能在图像上有一个直观、清晰的显示。信号采集需选择合适的技术参数,项目组根据白龟山水库大坝填坝材料(均质土、杂填土、沙土)的介电特性,分别给出了优化后的参数设置。

三、无损探测图像解释

无损探测剖面图是资料解释的基础。无损探测的图像解释,实际上是使用者根据所掌握的知识、经验以及相关的地质资料,对图像的综合判断。

(一)雷达图像特征

(1)石块雷达剖面的异常特征。

白龟山水库副坝从 0+000~5+200 坝段是由杂填土回填的,因此在回填土中难免会包含一些杂质,其中以石块最多。根据石块电阻率高、介电常数低、电磁波传播速度快的物理性质特点,在探地雷达探测的剖面图上,通常会表现为双曲线形态,并且反射能量最强,会出现完全的光亮图像特征。图 5-32 为带通滤波处理过后,地层中存在石块时雷达探测剖面异常特征。图 5-33 为石块雷达探测定位后开挖验证图。

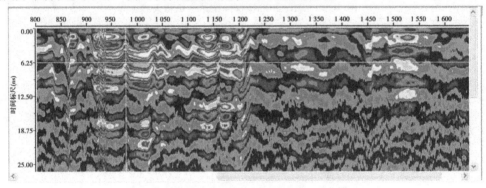

图 5-32　地层中存在石块时雷达探测剖面图

(2)白蚁蚁巢探地雷达剖面图。

由于白蚁筑巢和外出觅食将会对堤坝内部产生一定范围的影响,从而形成不密实区域。白蚁蚁巢在雷达时间剖面图上的特征主要表现为雷达波的绕射,蚁巢的波形为向上凸起的弧形,图形中的弧形为暗—亮—暗的组合,弧顶即为蚁巢的顶部位置。图 5-34 为带通滤波处理过后,白蚁蚁巢的雷达探测剖面异常特征。图 5-35 为白蚁蚁巢雷达探测定位后开挖验证图。

(二)白龟山水库大坝白蚁蚁巢雷达探测汇总

1. 均质坝段

为了使得白蚁蚁巢能在探测的图像上有一个直观、清晰的显示,项目组通过对大坝现场环境、均质土的介电特性和蚁巢巢穴的介电特性的研究,以及大量的现场探测和开挖总结出了适合均质坝段的无损探测设备的参数优化组合,如表 5-2 所示。均质坝段(桩号)雷达探测蚁巢位置如表 5-3 所示。蚁巢探测深度与实际开挖深度对比见图 5-36。

图 5-33　石块雷达探测定位后开挖验证图

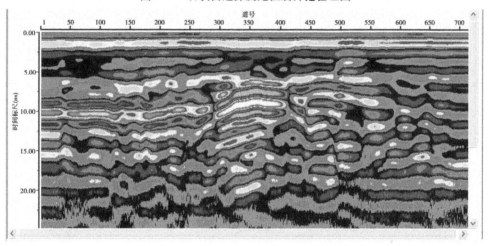

图 5-34　白蚁蚁巢的雷达探测剖面异常特征

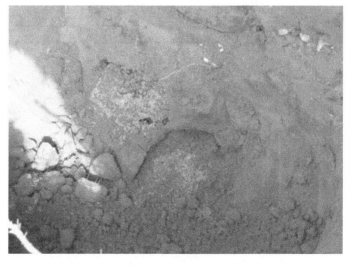

图 5-35　白蚁蚁巢雷达探测定位后开挖验证图

表 5-2　均质坝段雷达参数组合

天线频率	坝段介质	雷达数据采集方式	测线布置	时窗(ns)		采样点数	扫描速度(次/s)	介电常数		偏移距(cm)	发射幅度(V)
				干土	湿土			干土	湿土		
400 MHz	均质土	连续采样	网格布置（测线间距 1 m）	40	100	512	32	6.4	8.6	15.2	60

表 5-3　均质坝段(桩号)雷达探测蚁巢位置　　　　　　　　（单位:cm）

探测蚁巢		实际蚁巢	
上部深度	下部深度	上部深度	上部深度
60	75	58	81
45	55	46	59
45	60	43	62
40	55	46	65
35	50	39	53
30	50	36	49
35	60	38	61
40	60	45	57
50	70	53	68
50	65	49	63
65	80	73	86
70	90	73	102
40	50	47	59
45	60	43	67
60	70	53	72
80	110	83	109
60	80	64	76
70	80	69	83
40	60	47	61
70	100	76	92
60	80	56	75

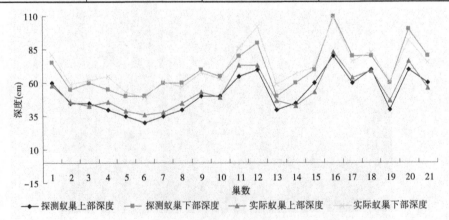

图 5-36　蚁巢探测深度与实际开挖深度对比图

白龟山水库顺河坝均质坝段雷达探测典型图像汇总如图5-37~图5-40所示。

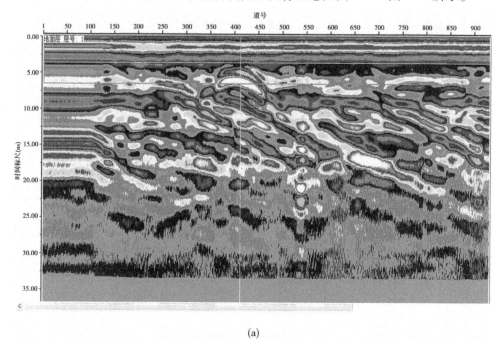

(a)

(b)　　　　　　　　　　　　　　　(c)

图5-37　桩号5+011蚁巢雷达图像和开挖验证图

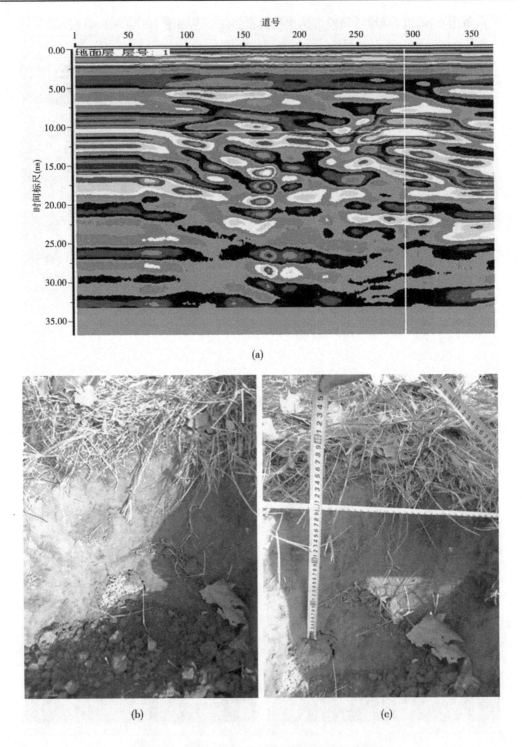

图 5-38　桩号 5+092 蚁巢雷达图像和开挖验证图

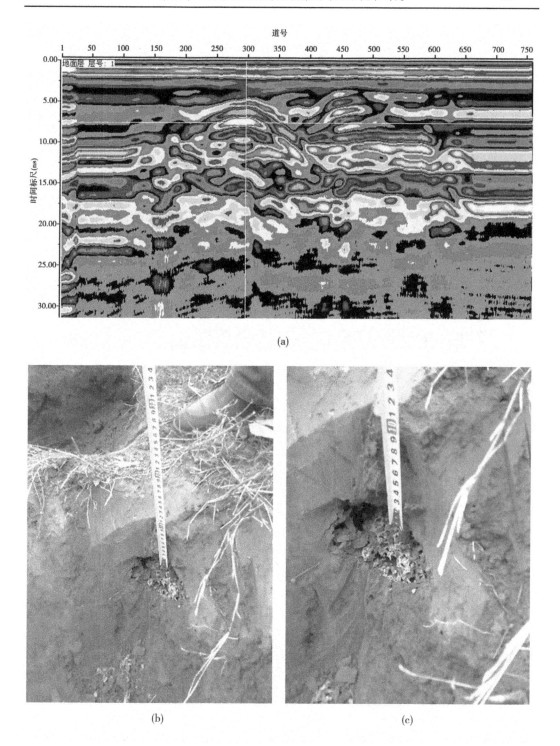

图 5-39　桩号 6+079a 蚁巢雷达图像和开挖验证图

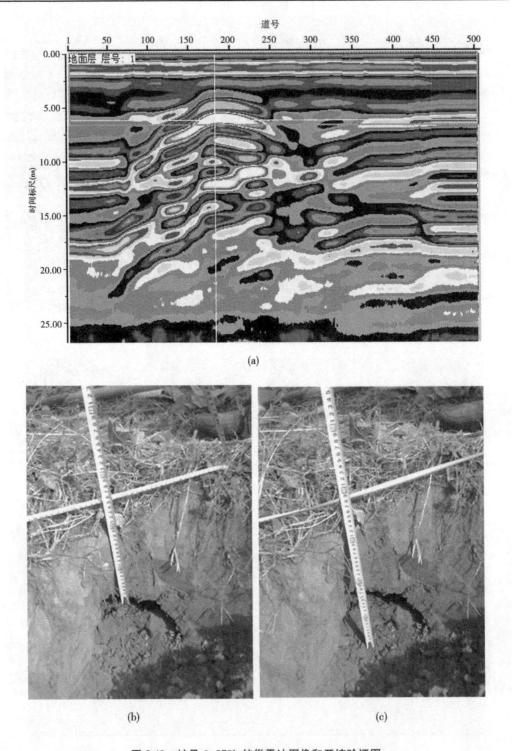

图 5-40　桩号 6+079b 蚁巢雷达图像和开挖验证图

　　本次探测在均质坝段选取 2 000 m 为试验段,利用探地雷达共探测出 27 处异常点。对异常点进行开挖验证,共有 21 处是白蚁蚁巢,成功率达到 75% 以上。

2. 杂填土坝段

白龟山水库大坝顺河坝段桩号 0+000～5+200 段为杂填土坝段,本次探测选取 2+200～4+200 段为试验段。为了使得白蚁蚁巢能在探测雷达的图像上有一个直观、清晰的显示,项目组通过对堤坝现场环境、回填土和回填土中的石块的介电特性和蚁巢巢穴的介电特性的研究,以及大量的现场探测和开挖总结出了适合均质坝段的无损探测设备的参数优化组合,如表5-4所示。杂填土坝段(桩号)雷达探测蚁巢位置见表5-5。蚁巢探测深度与实际开挖深度对比见图5-41。

表5-4　杂填土雷达参数组合

天线频率	坝段介质	雷达数据采集方式	测线布置	时窗(ns)		采样点数	扫描速度(次/s)	介电常数		偏移距(cm)	发射幅度(V)
				干土	湿土			干土	湿土		
400 MHz	杂填土	连续采样	网格布置(测线间距1 m)	35	85	1 024	64	6.4	8.6	15.2	60

表5-5　杂填土坝段(桩号)雷达探测蚁巢位置　　　　　　　　(单位:cm)

探测蚁巢		实际蚁巢	
上部深度	下部深度	上部深度	下部深度
35	50	39	53
30	50	36	49
35	60	38	61
40	60	45	57
50	70	53	68
50	80	56	83
60	80	64	76
70	80	69	83
50	70	52	76
45	60	43	67
50	65	49	63
30	60	33	65
40	50	47	59

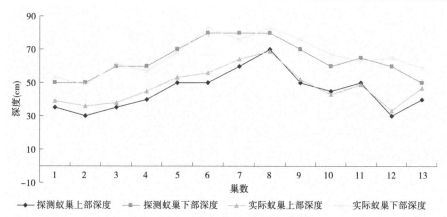

图 5-41　蚁巢探测深度与实际开挖深度对比图

白龟山水库顺河坝均质坝段雷达探测典型图像汇总如图5-42~图5-45所示。

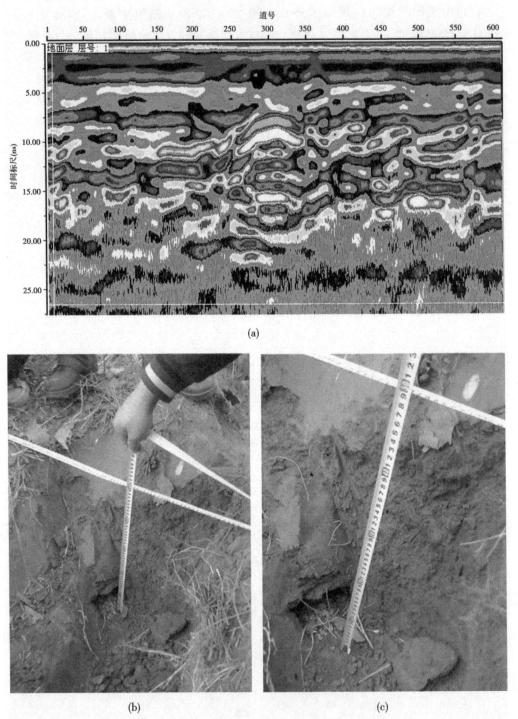

(a)

(b)　　　　　　　　　　　　　　　(c)

图5-42　桩号2+080蚁巢雷达图像和开挖验证图

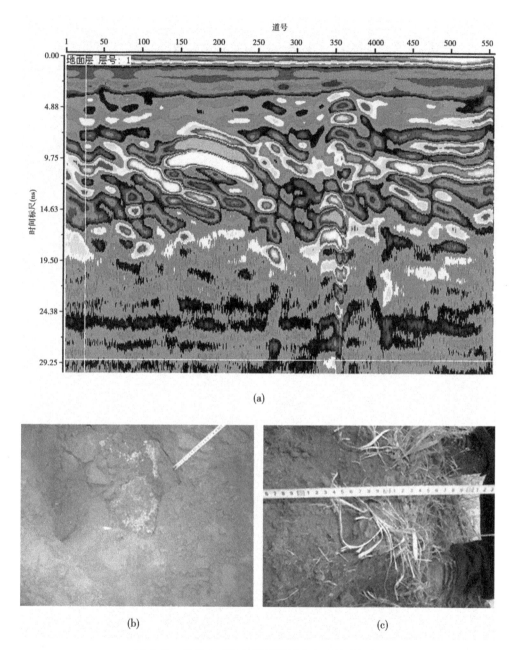

图 5-43　桩号 3+000 蚁巢雷达图像和开挖验证图

　　本次探测在杂填土坝段选取 2+000~4+000 段为试验段,共计 2 000 m,利用探地雷达共探测出 22 处异常点。对异常点进行开挖验证,共有 13 处是白蚁蚁巢,成功率达到 60%。

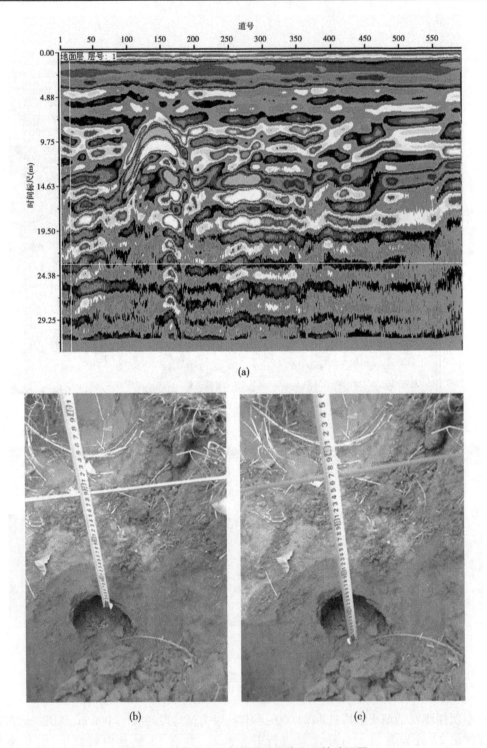

图 5-44　桩号 3+025 蚁巢雷达图像和开挖验证图

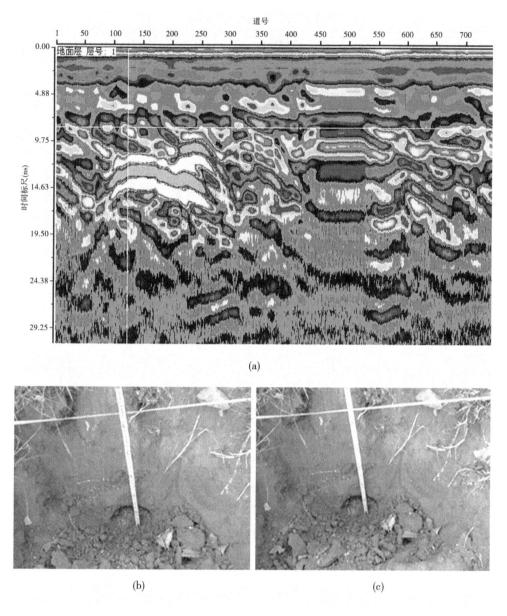

图 5-45　桩号 4+070 蚁巢雷达图像和开挖验证图

3. 沙土坝段

　　白龟山水库大坝顺河坝段桩号 8＋230～17＋078 段为沙土坝段,本次探测选取 9+000～11+000 段为试验段。为了使得白蚁蚁巢能在探测的图像上有一个直观、清晰的显示,项目组通过对堤坝现场环境、回填土的介电特性和蚁巢巢穴的介电特性的研究,以及大量的现场探测和开挖总结出了适合均质坝段的无损探测设备的最优参数组合,如表 5-6 所示。沙土坝段(桩号)雷达探测蚁巢位置见表 5-7。蚁巢探测深度与实际开挖深度对比见图 5-46。

表 5-6　沙土雷达参数组合

天线频率	坝段介质	雷达数据采集方式	测线布置	时窗(ns)		采样点数	扫描速度(次/s)	介电常数		偏移距(cm)	发射幅度(V)
				干土	湿土			干土	湿土		
400 MHz	沙土	连续采样	网格布置(测线间距1 m)	40	80	512	32	5	25	15.2	60

表 5-7　沙土坝段(桩号)雷达探测蚁巢位置　　　　　　　　(单位:cm)

探测蚁巢		实际蚁巢	
上部深度	下部深度	上部深度	下部深度
50	65	49	63
30	50	36	49
60	80	64	76
45	60	47	66
60	75	58	81
45	60	43	62
80	95	83	97
60	75	63	81
40	60	47	61
55	70	59	76
40	60	45	63
50	65	54	71
45	60	48	65
65	80	73	86
50	70	52	74
70	90	73	95
60	70	53	72
45	55	46	59

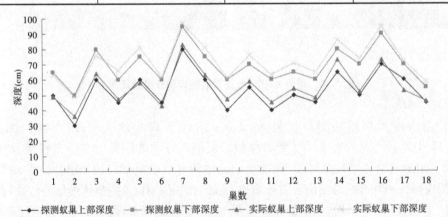

图 5-46　蚁巢探测深度与实际开挖深度对比图

白龟山水库顺河坝沙土坝段雷达探测典型图像汇总见图 5-47~图 5-49。

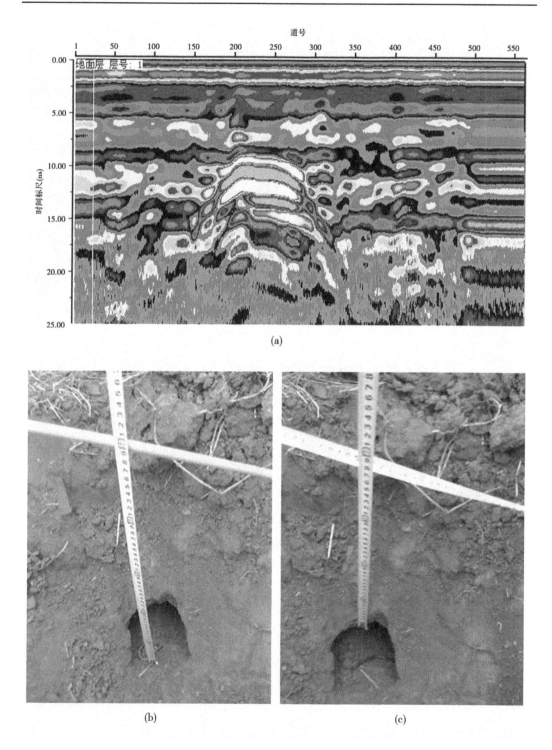

图 5-47　桩号 10+016 蚁巢雷达图像和开挖验证图

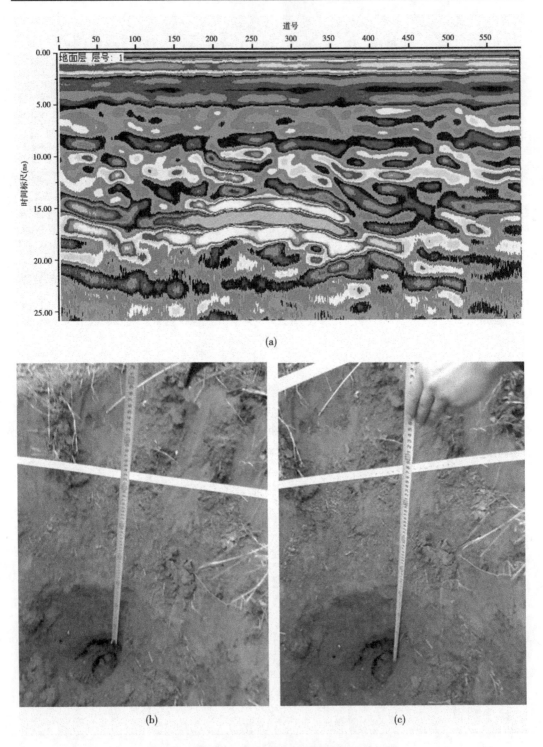

图 5-48　桩号 10+017 蚁巢雷达图像和开挖验证图

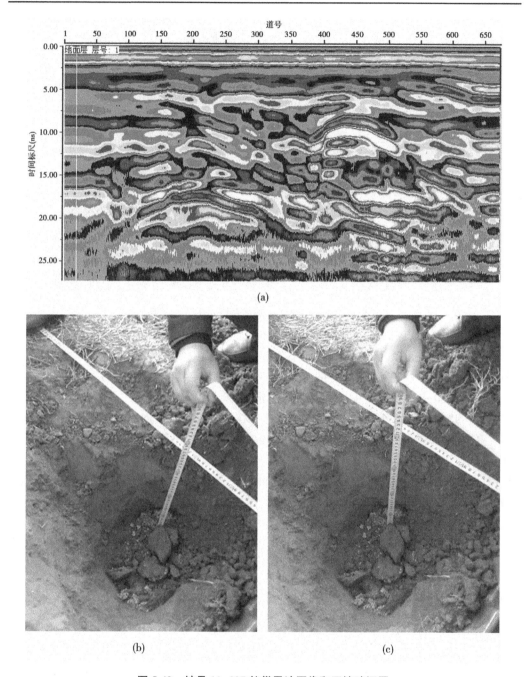

图5-49　桩号11+027蚁巢雷达图像和开挖验证图

　　本次探测在沙土坝段选取9+000~11+000段为试验段,共计2 000 m,利用探地雷达共探测出26处异常点。对异常点进行开挖验证,共有18处是白蚁蚁巢,成功率达到69%。

(三)白龟山水库坝面白蚁蚁巢高密度电阻率法探测汇总

　　本次探测采用重庆奔腾数控技术研究所研发的高密度电阻率测量系统(见图5-50)以WDJD-3多功能数字直流激电仪为测控主机,配合WDZJ-3多路电极转换器。

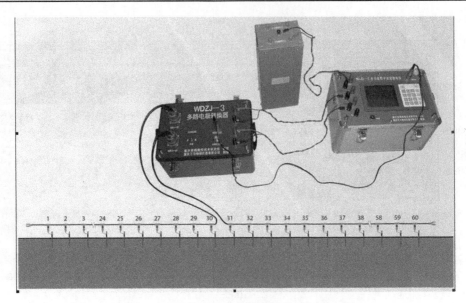

图 5-50　高密度电阻率测量系统野外工作示意

WDJD-3 主机通过 RS232 串行口控制 WDZJ-3 多路电极转换器。按工作电极排列的要求将 A、B、M、N 极与电极 1～60 中指定电极轮流相接,从而完成供电与测量任务。WDJD-3 主机会自动将图 5-50 中的 WDZJ-3 多路电极转换器编为 1 号,如需扩展电极数,可将图 5-50 中 WDZJ-3 的"后级 RS232"插座通过专用电缆与下一台 WDZJ-3 多路电极转换器的"前级 RS232"插座相连接即可,WDZJ-3 的 A、B、M、N 对应连接在一起,WD-JD-3 主机会自动将新的 WDZJ-3 多路电极转换器编号为 2 号,与新的 WDZJ-3 多路电极转换器相连接的电极编号为 61～120 号。图 5-50 中的 WDJD-3 与 WDZJ-3 又简称测站,测站总是在测线的中部。对于与 WDZJ-3 面板上"电极 1～30 相连接的电极,从远处到靠近测站一端,电极编号依次为 1～30 号,对于与 WDZ-3 面板上电极 30～60 相连接的电极,从靠近测站一端到远处,电极编号依次为 30～60 号。

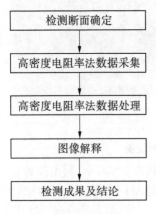

检测断面确定

↓

高密度电阻率法数据采集

↓

高密度电阻率法数据处理

↓

图像解释

↓

检测成果及结论

图 5-51　高密度电阻率法检测技术路线框图

WDJD-3 主机中的测量信息可以在现场实时显示,在室内通过 RS232 通信接口传输到微型计算机,经高级电法处理软件系统处理,处理成果图通过彩色打印机打印出相应的成果图。

1. 检测技术方案设计

检测设备确定后,针对白蚁蚁巢几何特征、埋深检测的目的,设计了无损检测的技术路线。测试前,高密度电阻率法设备进行了调校测试,其性能符合测试规定。高密度电阻率法检测技术路线框图如图 5-51 所示。

本书选择了桩号 3+454～3+514 段附近蚁巢危害坝坡进行现场探测试验,确定检测数据采集测线布置和工作步骤为:

（1）确定检测部位断面。

（2）布置高密度电阻率法测线。

（3）检测堤坝蚁巢的几何特征、埋深大小。

2. 高密度电阻率法测线布置

本次试验段为桩号 3+454~3+514 段白蚁危害坝坡,共布置高密度电阻率法测线 4 条,距坝顶 1.7~4.7 m,分别记为 A1-D1 测线,测线近似平行坝顶线,每隔 1 m 布置 1 条,每条测线布置 60 个电极,电极间距 1 m,采用 α_2 电极排列方式进行探测,测线布置如图 5-52 所示,图 5-53 为高密度电阻率法现场探测照片。

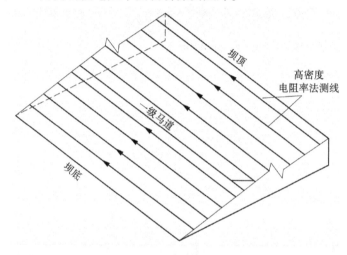

图 5-52　高密度电阻率法测线布置图

图 5-53　高密度电阻率法现场探测

3. 探测数据解释与分析

通过对现场探测数据的反演处理和分析,得到桩号 3+454~3+514 段成果图见图 5-54,A1 测线中桩号 3+466~3+467,深度 0.25~1.0 m 有一密封的高阻体,疑似蚁巢,经开挖验证,为一白蚁副巢。B1 测线中桩号 3+466~3+467,深度 0.5~1.0 m 有一密封的高阻体,疑似蚁巢,经开挖验证,为一白蚁副巢。C1 测线和 D1 测线未见可疑高阻体。蚁巢开挖验证图见图 5-55。

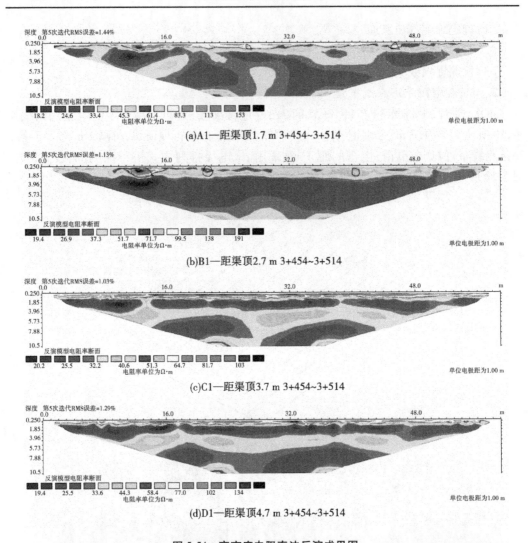

(a)A1—距渠顶1.7 m 3+454~3+514

(b)B1—距渠顶2.7 m 3+454~3+514

(c)C1—距渠顶3.7 m 3+454~3+514

(d)D1—距渠顶4.7 m 3+454~3+514

图5-54　高密度电阻率法反演成果图

(a)A1测线开挖验证图　　　　　　　　　　(b)B1测线开挖验证图

图5-55　蚁巢开挖验证图

(四)沙颍河堤防白蚁蚁巢探地雷达探测

沙颍河是淮河的最大支流,发源于河南省伏牛山区,流经平顶山、漯河、周口、阜阳等40个市(县),于安徽省颍上县沫河口汇入淮河,河道全长620 km。流域地形由西北向东南倾斜,沙颍河干流漯河以上为伏牛山脉和外方山脉,山区地面海拔高度一般为600~1 500 m(1985国家高程基准,下同),东南部平原地势坦荡开阔,地面高程一般为30~100 m。沙颍河主要的一级支流有8条,从上至下左岸有:北汝河、小颍河、贾鲁河、新运河、新蔡河、黑茨河,右岸有:澧河、汾泉河。

沙颍河防洪保护面积大,其右堤是豫、皖两省数百万亩耕地和几百万人口的防洪屏障,阜阳以下左堤是淮北大堤堤圈的重要组成部分,关系到京广、京九、阜合铁路和漯河、周口、阜阳等城市的防洪安全。近期拟按20年一遇洪水培修加固干流堤防。本次选取沙颍河襄城境内的堤防作为本项目推广试验段。

四、探地雷达及高密度电阻率法图像特征总结

根据对白蚁蚁巢的调查可以看出,它与周围介质存在以下的物理差异:

(1)密度差异:蚁巢与周围土壤相比是明显的低密度体。

(2)电磁感应差异:对于电磁波白蚁蚁巢与周围土壤存在明显的吸收衰减差异。

由于堤坝填坝材料的特点,白蚁蚁巢雷达图像和高密度电阻率法图像识别的准确性与积累的经验关系很大。根据经验,堤坝坝体中蚁巢、石头和杂质在波形图上的主要特征如下。

(一)探地雷达图像中的特征

(1)均质坝体和沙土坝体中由于填料相对均匀一些,因此在无缺陷坝段中雷达图像同相轴水平,各等色线平行。

(2)蚁巢由于雷达波的绕射,蚁巢的波形为向上凸起的弧形,图形中的弧形为暗—亮—暗的组合,弧顶即为蚁巢的顶部位置。

(3)石头由于雷达波发生极性反转,在图像中显示的波形比较亮,在图像中是单一的亮显示。

(4)回填土由于比较均匀,图像中显示的波形相对蚁巢和石块,更加光滑。

(二)高密度电阻率法图像中的特征

(1)在蚁巢探测中,由于蚁巢与周围土体之间存在明显的电性差异,蚁巢多呈高电阻率的闭合圈,而周围土体则表现为低阻反应,且连续性较好,因此蚁巢界线较为明显。

(2)蚁巢是由白蚁用体液和黄土筑成的椭球体状的,巢内为空的,而且蚁巢是绝对防水的,因此蚁巢的电阻率比其周围土壤高几十倍,与周围土壤相比是一个明显的局部高阻体。

(3)应尽量采用几种电极排列方式对同一测线进行探测,以防外界因素对某一电极排列方式干扰度大,导致采集的数据失真,在后续的数据反演成果图中造成对结果的解释和推断错误。

五、小结

本项目结合探地雷达和高密度电阻率法两种无损探测方法的优缺点,应用于白龟山水库顺河坝段和沙颍河流域襄城段堤防白蚁探测。总结了各种坝段(均质土、杂填土和沙土)对应的高密度电阻率法和探地雷达的图像特征以及不同坝段无损探测方法参数的设定。通过大量的数据分析,区别出白蚁、石头和杂质等缺陷在图像特征上反映的形式,直接找出蚁巢的位置,大大地提高了巡查白蚁的工作效率,减少对大坝坝体的开挖破坏。

第六节　结论与展望

一、结论

本项目以白龟山水库大坝和沙颍河流域堤防白蚁蚁巢无损探测为应用研究范畴,以探地雷达和高密度电阻率法无损检测技术为研究手段,进行了以下的研究工作,并取得了一定的成果:

(1)通过对堤坝白蚁隐患探测方法和工程常规的无损检测技术应用情况进行了调查,总结了堤坝白蚁蚁巢在探地雷达和高密度电阻率法设备上的图像特征,为堤坝白蚁蚁巢隐患无损检测提出了技术设想。

(2)对工程无损检测技术中的探地雷达和高密度电阻率法设备情况及技术情况进行了研究,开展了探地雷达和高密度电阻率法探测技术理论、工作方法的研究,对数据采集、处理和图像解释等进行了较系统的分析,为这两种检测方法检测堤坝白蚁蚁巢病害效果提供依据。

(3)针对堤坝白蚁蚁巢病害的问题,开展了基于综合无损检测方法探测的技术研究,结合白龟山水库管理局和沙颍河流域管理局,进行了探地雷达和高密度电阻率法用于堤坝白蚁蚁巢隐蔽工程检测评价的应用研究,把检测结果和钻探结果结合起来,验证用探地雷达和高密度电阻率法检测堤坝白蚁蚁巢病害的工程应用价值。

二、展望

在项目的开展过程中,延伸出了一些新的研究课题,由于经费和时间关系,只能在后续的项目中完成。

(1)开展探地雷达用于堤坝白蚁隐患评价技术的研究与应用,为水利工程的安全运行提供技术支持,减少白蚁巢穴对堤坝安全的影响。

(2)改进现有的灌浆设备,研制轻便的设备,针对探测到的白蚁巢穴,采用灌浆的方法灭杀白蚁和填充蚁巢。

(3)随着人类环保意识的增强,是否可以寻找出同时对环境友好又能够有效杀死白蚁的绿色防治方法,将生物防治白蚁技术与无损探测技术相结合,在灭杀白蚁的同时可防止白蚁的再生,起到了一劳永逸的作用。

第六章 结 语

从近 20 年的防治及治理情况来看,特别是最近几年通过白蚁综合治理防治方法的使用,坝体表面白蚁特征标识物大量减少,治理效果还是比较明显的,达到了一定的治理目的。但水库坝体上的白蚁依然存在,有些蚁巢虽然开挖回填,但有些蚁道却是无法全部清除的。

通过采用钻孔灌药和安置监测诱杀站,在其后的蚁巢挖掘中发现,有的巢穴是空的,竟连幼蚁也没有;有的巢穴中没有发现蚁王、蚁后。分析其原因,在其他条件均未发生变化的情况下,可能是防治药物起到了很大的作用,这也说明了通过药物的白蚁防治,白蚁的筑巢率大大降低。

白龟山水库坝体较长,防治任务艰巨,要从长远来看,如果适宜白蚁生存的环境条件不被调整,就很难更进一步地降低白蚁隐患程度,这就叫作栖息环境调整。从某种程度上来讲,白蚁问题是与湿度、温度、接触土壤的木材或建筑物的老化相联系的,这些环境条件必须得到纠正。

努力探索和引进白蚁防治新技术,通过白蚁治理的进一步研究,积极推动白蚁监测控制和隐患排除系统在白龟山水库白蚁防治中的应用,以实现白蚁防治工作与自然的协调统一。

在堤坝蚁巢的处理中,应当贯彻"灌重于挖,灌挖结合"的治理方针,积极采取经常性的措施,把白蚁防治工作作为水库工程管理的主要内容,抓紧抓好。

总之,白蚁防治是一项技术性很强的工作,对水库管理来讲,它是一项经常性的工作;对白龟山水库来讲,只能把白蚁危害降低到安全程度。由于受其地理位置以及大坝管护范围的特殊情况所限,不可能将其灭绝,因此在今后的白蚁防治工作中,应以科技为依托,不断提高白蚁防治工作的科技含量,通过配备专业化程度高的防治器械和设备来提高防治水平。同时,要加强害虫综合管理理论在白蚁防治领域的应用研究,以达到综合运用各种防治技术来控制白蚁种群处于经济危害水平以下的目的。

参 考 文 献

[1] 刘自力.氟铃脲纸片实地诱杀家白蚁试验[J].城市害虫防治,2005.

[2] 严国璋,李俊辉.堤坝白蚁及其防治[M].湖北:科学技术出版社,2001.

[3] 游文荪,高江林,王小春.江西省赣抚大堤白蚁危害现状及防治对策[J].江西水利科技,2008.

[4] Hilo K J. Forest entomology in China:a general[J]. Crop Protection,1982,1(3):59.

[5] 詹祖仁.灭蚁灵诱杀包防治桉树白蚁效果不佳原因浅析[J].林业科技开发,1997(6):55.

[6] 吴光荣.白蚁危害房屋建筑的防治方法[J].林业科技开发,1997(4):49-50.

[7] 王跃,文平,孙国忠.蓝桉栽培期白蚁防治试验初报[J].四川林业科技,1996,17(4):36-38.

[8] 李亮,晏学友,何艳萍.防治白蚁危害桉树幼林的试验报告[J].云南林业科技,1993(1):57-60.

[9] 刘晓燕.广州古树名木白蚁的发生与防治[J].昆虫天敌,1997,18(4):169-172.

[10] 全国白蚁防治中心.中国白蚁防治专业培训教程[M].北京:中国物价出版社,2004.

[11] 林树青,高道蓉.中国等翅目及其主要危害种类的治理[M].天津:天津科学出版社,1990.

[12] 蔡平,祝树德.园林植物昆虫学[M].北京:中国农业出版社,2003:257-258.

[13] 张锁洪,管殿胜,罗新志,等.浅谈黑翅土白蚁的分飞规律[J].江苏水利科技,1996,3:36-37.

[14] 徐光余,杨爱农,翟田俊.林区土栖白蚁分飞生物学观察及在防治实践中的作用[J].安徽农业科学,2008,36(3):1103-1105.

[15] 蒋建君,管殿胜.堤坝白蚁防治技术探讨[J].江苏水利,2008,1:34-36.

[16] 刘阳.除险加固水库白蚁综合防治技术探讨[J].安徽农学通报,2009,15(4):37-39.

[17] 钟平生,张颂声,李静美,等.氟虫胺诱饵剂防治白蚁的药效试验[J].中国媒介生物学及控制,2005,16(2):110-111.

[18] 黄求应.黑翅土白蚁觅食行为学基础及诱杀系统的研究[D].武汉:华中农业大学,2006.

[19] 舒梅.白蚁的生物学特性及防治[J].思茅师范高等专科学校学报,2010,26(3):13-14.

[20] 夏传国.国内外白蚁防制技术现状及发展趋势[J].中华卫生杀虫药械,2006,12(1):53-55.

[21] 范承献.白蚁及其防治技术[J].农资科技,1996(4):15-17.

[22] 刘源智,江涌,苏祥云,等.中国白蚁生物学及防治[M].成都:成都科技大学出版社,1998.

[23] 江凯.探地雷达在路基检测中的应用研究[D].成都:西南交通大学,2011.

[24] 蔡新辉,王传雷,严国璋,等.白蚁隐患探测仪的研制及应用实例[C]//程家安,莫建初,毛伟光.城市害虫综合治理进展——全国第七届城市昆虫学术研讨会论文集.杭州:浙江大学出版社,2005:42-48.

[25] 程冬保.国外白蚁防治技术综述[J].中国媒介生物学及控制,2004,15(2):156-158.

[26] 戴自荣,陈振耀.白蚁防治教程[M].广州:中山大学出版社,2002:180-183.

[27] 李栋,何拱华,高道蓉,等.利用放射性同位素碘标记法对家白蚁活动规律的初步研究[J].昆虫学报,1976,19(1):32-38.

[28] 李栋,田伟金,黎明,等.白蚁的生态防治方法与技术[J].昆虫知识,2001,38(5):380-382.

[29] 曾昭发,刘四新,王者江,等.探地雷达方法原理及应用[M].北京:科学出版社,2006.

[30] 王士鹏.高密度电法在水文地质和工程地质中的应用[J].水文地质工程,2000(1):52-56.

[31] 韩永琦,张守智.用 VB 编写高密度电法数据格式转换程序[J].物探与化探,2000(4).

[32] 刘晓东,张虎生,朱伟忠.高密度电法在工程检测中的应用[J].水文地质工程地质,2002(3).

[33] 彭汉桥,姚平.高密度电法与多波映象法在覆盖型岩溶勘察中的应用[J].湖南地质,2001(4):295-298.

[34] 杨湘生,等.高密度电法在湘西北岩溶石山区找水中的应用[J].湖南地质,2001,20(3):230-232.

[35] 王文龙,杨拴海,张慧玉,等.高密度电法在金矿找矿中的应用[J].黄金地质,2002(3):53-56.

[36] 刘晓东,张虎生,黄笑春,等.高密度电法在宜春市岩溶地质调查中的应用[J].中国地质灾害与防治学报,2001,13(1):72-75.

[37] 胡勘,赵贵民.高密度电法 ρ-s 畸变成因浅析及畸变处理方法探讨[J].贵州地质,2002(4).

[38] 陈正山,张如旭.高密度电法在堤防探测上的应用[J].海河水利,2003(1):50-51.

[39] 张平松,李峰,吴荣新.二维电测深快速反演在高密度电法中的应用[J].西部探矿工程,2003,15(1):39-40.

[40] 杨润海,赵晋明,王彬,等.比值参数在高密度电法中的应用[J].地震研究,2003,26(2).

[41] 陈仲侯,王兴泰,杜世权.工程与环境检测教程[M].北京:地质出版社,1996.

[42] 武汉地院金属检测教研室.电法勘探教程[M].北京:地质出版社,1980.

[43] 何继善.电法勘探的发展和展望[J].地球物理报,1997,40(增):308-316.

[44] 杨新安,李怒放,李志华.路基检测新技术[M].北京:中国铁道出版社,2006.

[45] 何门贵,温永辉.高密度电阻率法二维反演在工程勘探中的应用[J].物探与化探,2002,26(2):156-159.

[46] 刘铁,朱立新,曹哲明.高密度电法角域地形改正的改进及在隧道勘探中的应用[J].西部探矿工程,2003(10).

[47] 黄兰珍,田宪漠,寸树苍.点源场电阻率法二维地形改正的边界元法[J].物化探计算技术,1986(3).

[48] 董浩斌,王传雷.高密度电法的发展与应用[J].地球前缘,2003,10(1):171-176.

附　录

附录一　白龟山水库白蚁防治技术规程

第一章　总　则

第一条　根据《中华人民共和国水法》《河南省水利工程管理条例》、河南省《水库大坝安全管理条例》实施细则的要求,为保证大坝安全,规范大坝白蚁防治工作,确保施工质量和安全,达到有效防治目的,特制定本规程。

第二条　本规程适用于白龟山水库大坝管理范围内存在白蚁危害的工程区域。

第三条　白蚁防治原则:保证工程安全;不污染环境;防治并重,因地制宜,综合方法。

第四条　水库大坝白蚁防治除符合本规程外,还应符合国家现行有关标准的规定。

第二章　白蚁的检查

第五条　水库大坝白蚁检查的范围:坝体内坡常年蓄水位以上至外坡浸润面以上的坝体,台地段,导渗沟两岸外露部分以及水库管理范围地段,坝端环境。

第六条　检查的对象:沿库树木、灌木、杂草、枯朽植物体、坝体草皮护坡、浪渣等。

第七条　检查的时间:以白蚁地表活动高峰期为宜,即每年春季(3~6月)和秋季(9~11月),气温高宜早、晚进行,气温低宜中午进行。

应把白蚁检查工作作为水库大坝工程管理的重要内容,在白蚁外出活动高峰期,应加强日常检查。

第八条　检查的内容

在汛期,发现大坝漏水、散漫、管涌、跌窝等现象,必须判断是否由白蚁隐患引起。

在非汛期,查找白蚁外出活动时留下的地表迹象,如泥被、泥线在堤坝及平台堤脚的分布密度,分群孔和真菌指示物——鸡枞菌(三塔菇)、地炭棒(鹿角菌)等,寻找堤坝上白蚁喜食食物里是否有白蚁在活动或活动时留下的痕迹。

第九条　检查的方法

一、查找法

在堤坝迎水坡、背水坡及其蚁源区内查找白蚁外出活动的泥被、泥线、分群孔、汲水线、排泄物,兵、工蚁活动情况及有无白蚁巢体地表指示物(鸡枞菌、鹿角菌)等,查找堤坝上白蚁喜食食物里是否有白蚁在活动或活动时留下的痕迹。

二、引诱法

检查中无法根据地表迹象判断有无白蚁危害时,可采用诱集法来确定,诱集法主要有坑诱、堆诱、桩诱和箱诱。

引诱坑:在大坝背水坡、堤防内外坡适当位置挖长约 50 cm、宽 40 cm、深 30 cm 的坑,把白蚁喜食的饵料放置在坑内,坑内平放几块松木,然后用薄膜在上面覆盖,并用泥土回填饱满,不让流水进入坑内。

引诱堆:把白蚁喜食的饵料直接放在大坝背水坡、堤防内外坡的表面,最好是放在顺堤坝的中线上下位置,用土块或石块压好。

引诱桩:将白蚁喜食的带皮木桩,一端削尖,直接插入堤坝内(外)坡,深 15~30 cm。

引诱箱:在一只小木箱内,紧密排列白蚁喜食的料物,放在白蚁经常危害的堤坝段,箱上用薄膜或编织袋搭盖,并铺上一层泥土。

三、利用堤坝隐患探测仪探测堤坝白蚁

第十条　在查到的白蚁活动迹象位置做好明显的标记,并将检查的时间、气象条件、地表特征等情况填写在标准的现场检查记录表格中。

第三章　白蚁的预防

第十一条　对堤坝白蚁,应当贯彻"防重于治、防治结合"的四季防治方针,积极采取经常性的措施。

第十二条　每年堤坝白蚁分群季节,在堤坝上及其蚁源区寻找分群孔,把长翅繁殖蚁消灭在分群之前,把堤坝坡上刚脱翅的繁殖蚁消灭在挖洞营巢之前。

第十三条　保护和利用白蚁的天敌(鸟类、蝙蝠等)。

第十四条　整治堤坝白蚁的生态环境。禁止在堤坝上堆放木材和稻草,经常消除堤坝上和周边白蚁喜食的食物,常年坚持对堤坝附近 500~1 000 m 范围内白蚁孳生地(堤坝附近的丘陵、山岗、荒地和坟墓等)实行"积极围剿",才能有效控制堤坝周围白蚁对堤坝的传播。

第十五条　化学药剂处理土壤

一、喷洒药剂

在堤坝白蚁分布的核心部位及管理范围内的台地,配撒药剂,使之渗入泥土 5~10 cm,可将堤坝表层幼龄蚁巢的白蚁毒杀致死。

二、钻孔灌药

每年于白蚁分飞前,可用 18~20 mm 粗、2~3 m 长的钢锥在堤坝背水坡钻孔灌注药土、药砂、药泥浆,孔距 1~2 m,深 0.5~1.0 m,布局呈梅花形,封闭孔口,在一定时间内能防止白蚁有翅成虫入土营巢。

第四章　白蚁的灭治

第十六条　挖巢灭蚁

一、寻找堤坝白蚁的蚁道

寻找堤坝白蚁蚁道的方法有:从泥被、泥线的地方寻找;从分群孔找蚁道;从铲杂草枯苑找蚁道;开沟截蚁道;从引诱坑(引诱堆、引诱桩、引诱箱)找蚁道五种。当出现岔路或多条蚁道时,蚁道口径大、拱高、工蚁和兵蚁活动频繁,兵蚁比例多,酸腥味浓,蚁道口封闭速度快,一般是通往主巢的蚁道。

二、蚁巢的寻找

堤坝白蚁具有巢深、路远、近湿、隐蔽、活动点不固定的特点。巢位一般都选择在通风向阳、堤坝的洪水浸润线以上的深层土壤中营建,偶尔也在沙质土壤、材根旁、古坟墓中营巢。

根据以上特点,寻找堤坝白蚁蚁巢的方法有:从主蚁道追挖蚁巢,根据分群孔几何图像找蚁巢,应用锥探找蚁巢,根据真菌指示物找蚁巢,采用堤坝隐患探测仪或探地雷达探测蚁巢五种。在应用这些方法时,要根据实际情况采用一种或多种,这样才能达到比较理想的效果。

三、蚁巢的挖取

在挖取蚁巢时,必须连续追挖。当没有接近主巢并出现多条蚁道时,中间可以间断,并封闭蚁道口,根据次日的蚁道外部情况判断主蚁道,然后顺主蚁道追挖,当追挖接近主蚁巢时,追挖速度必须加快,直至抓到蚁王、蚁后,消灭残存白蚁。

第十七条　药物诱杀

采用经有关权威部门鉴定的低毒、环保型药物作诱饵剂,在每年春、秋两季,选择阴天或晴天的早、晚,将诱饵剂投放到白蚁经常活动的泥被、泥线内分群孔内或蚁路内,再用树皮、瓦片或厚纸等物覆盖,也可将诱饵剂投放到引诱坑、引诱箱、引诱堆内。

第十八条　熏烟毒杀

烟剂分为药物烟剂和无药烟剂。利用烟雾发生器向白蚁主蚁道内熏烟毒剂用以灭治白蚁,是一种经济、简便、省工、省时的方法,对于蚁息多、来不及处理的堤坝或蚁源孳生地是一个较好的应急措施。

第十九条　灌注药液毒杀

直接向白蚁主蚁道灌注农药的稀释液,杀死蚁道和蚁巢中的白蚁。

第二十条　锥灌灭蚁

锥探灌浆是在不开挖处理堤坝各种内部隐患情况下的一种综合治理有效措施。利用机械压力使药物泥浆通过管道、钻孔注入堤坝内,充填白蚁巢穴乃至蚁道,将白蚁消灭,同时,还能大量处理堤坝裂缝、獾洞及其他隐患口,在堤坝上巢区范围内按梅花状布孔,锥孔的纵横距离为 1.0 m,锥孔的深度为 6~8 m。拌浆土料一般选用粉质黏土或粉质壤土,黏粒含量为 20%~40%,粉粒含量为 30%~70%,砂粒含量小于 10%,水土重量比为 1∶0.8~1∶1.6,灌浆压力按国家相关标准执行。

第二十一条　采用药物诱杀、熏烟毒杀和灌注药液毒杀后的白蚁巢腔、蚁道,必须进行彻底处理。

第五章　白蚁蚁坑的回填

第二十二条　采用挖巢法追挖白蚁的方法时,对追挖的蚁道和蚁巢必须进行清理和回填。

蚁王、蚁后抓住后,对追挖的蚁道和副巢进行清理,尽量将全部副巢挖除干净,并将蚁道中的白蚁采用药物药死,不留隐患,然后进行人工回填。回填的质量要与该部分堤坝质量一致,同时,在回填过程中每层填土厚度不得超过 25 cm,每层都要取至少一个土样进行现场测定,并将每个蚁坑回填质量指标填写在相应的表格中,整理入卷存档。

第二十三条　对于采用药物诱杀、熏烟毒杀、灌注药液毒杀后的蚁道和巢穴,能挖除的,采用挖除后回填;不能挖除的,采用堤坝隐患探测仪或地质雷达探测仪将主巢穴找到,然后采用锥灌的方法进行回填处理,其方法同第二十条。

附录二　坝体蚁巢回填标准

自 2000 年 7 月在顺河坝发现白蚁以来,主要依靠挖巢法来治理,坝体上开挖的蚁坑回填的质量直接影响了大坝的运行安全。

回填前要对蚁坑进行修坡和清理,把蚁坑周围的副巢和坑底的松土彻底清理干净,边坡修成 60°斜坡,开口上大下小。

一、回填流程

(1)填土前,应将基底表面上的树根、垃圾等杂物都处理完毕,清除干净。

(2)检验土质,检验回填土料有无杂物,是否符合规定,以及土料的含水量是否在控制的范围内;如含水量偏高,可采取翻松、晾晒或均匀掺入干土等措施;如遇填料含水量偏低,可采取预先洒水润湿等措施。

(3)填土应分层铺摊,每层铺土的厚度最大不能超过 20 cm。干密度控制在 1.68 g/cm³。

(4)夯压时,夯迹应相互搭接,防止漏压或漏夯。长宽比较大时,填土应分段进行。每层接缝处应做成斜坡形,碾迹重叠 0.5~1.0 m,上下层错缝距离不应小于 1 m。

(5)填方超出基底表面时,应保证边缘部位的压实质量。填土后宜将填方边缘宽填 0.5 m。

(6)回填土每层压实后,应按规定进行环刀取样,测出干土的质量密度;达到要求后,再进行上一层的铺土。

(7)面层要贴草皮进行压实,而后浇水养护。

(8)要是蚁坑为全沙坑,回填层厚不能大于 50 cm,围堰灌水至把砂层渗透水不下渗为止,再用木夯进行压实。但是顶层 50 cm 要按回填土的要求回填黏土。

二、干密度检测

在确定的取样处,用平铲铲除表层,铲除深度约为每层自上表面以下 1/3 处,铲后的土表面应平整无浮土。将环刀刀口向下,放在铲平的土表面,放上环盖用锤打击环盖手柄,打至环刀上口深入土内且以不接触环盖内表面为宜,在取样过程中环刀下口应与土表面保持垂直。随后将环刀连同环盖一并挖出,轻轻取下环盖,用削土刀削去环刀两端的余土,修平,称重。

附录三　白龟山水库白蚁防治药物使用及管理制度

一、根据《中华人民共和国农药管理条例实施办法》规定,严格白蚁防治药物的管理,确保白蚁防治的质量和安全,维护社会的生态环境,特制定本制度。

二、本制度所称的白蚁防治药物,是指用于水库堤坝工程白蚁防治药物和白蚁灭治药物。

三、购置和使用的白蚁防治药物必须取得农药登记证(登记范围包括白蚁防治)、农药生产许可证和农药生产批准文件、产品质量标准、产品质量检验合格证,高效低毒,对人畜无害,对环境无污染的药物。对堤坝白蚁预防必须使用有驱避作用,残效期比较长,不溶于水,不挥发或难溶于水、难挥发,且对人畜无害,对环境无污染的药物。灭治白蚁必须使用慢性无毒,无驱避作用,水溶性剂或粉剂,灭蚁药效适中,对人畜无害,对环境无污染的药物。

四、白蚁防治药物要有专门仓库储存,专人管理,要建立健全药物进出仓库登记制度和保安措施。

五、在施药过程中,应当遵守有关农药防毒规程,认真做好废弃物的处理和安全防护工作,防止药物污染环境和药物中毒事故,确保使用安全。

六、废弃的药物包装桶和其他含药物的废弃物的处理,必须严格遵守环境保护法律、法规的有关规定,防止环境污染。

七、对违反本制度,擅自选用不合格药物的单位和个人依据情节轻重,给予通报批评、罚款、开除等处理。

附录四　白龟山水库白蚁治理记录表

编制单位：白龟山水库白蚁治理研究小组

2006 年 4 月 17 日至 2006 年 5 月 1 日　NO:01

桩号	顺河坝 12+050	天气情况	晴	采取措施	人工开挖
表象位置	排水沟下方 3.5 m	表象特征	石块下有白蚁	开挖位置	排水沟下方 2 m 左右

蚁王、蚁后情况

	主巢尺寸（长×宽×高）(cm×cm×cm)	结构特征	总巢数	空腔数	菌圃情况	
主巢	40×40×25		4 个			
副巢	最大副巢尺寸（长×宽×高）(cm×cm×cm)					
		主蚁道剖面情况	宽（cm）	高（cm）		
距坝面距离（m）			1.6	0.8		
0.8						

蚁群发育情况

名称	数量	腹长（cm）	总长（cm）	特征
蚁王	1 个		1.2	繁殖蚁、工蚁、兵蚁
蚁后	1 个	3.5	4.0	

主巢、副巢处理措施	主巢、副巢均以药物处理

操作人：　　　　　　　　　　　　　　　　　　记录人：

编制单位：白龟山水库白蚁治理研究小组　　　　　　　　　　　　　　　　2006 年 4 月 17 日至 2006 年 5 月 1 日　NO:02

桩号	顺河坝 10+100	天气情况	晴	采取措施	打药
表象位置	坝脚沟护坡石上方 1.5 m	表象特征	迹象内大量白蚁（工蚁）	开挖位置	横排水沟上方 1.5 m

蚁王、蚁后情况：蚁王逃跑

主巢

主巢尺寸（长×宽×高）(cm×cm×cm)	距坝面距离（m）
85×85×85	0.85

副巢

结构特征	总巢数	空腔数	菌圃情况	最大副巢尺寸（长×宽×高）(cm×cm×cm)	主蚁道剖面情况	
					宽（cm）	高（cm）

蚁群发育情况

特征	繁殖蚁、工蚁、兵蚁
	大量繁殖蚁（长翅繁殖蚁）及极少量的六龄幼蚁

名称	数量	腹长（cm）	总长（cm）	特征
蚁王	逃跑			
蚁后	1 个	7.0	7.5	

主巢、副巢处理措施：主巢、副巢均以药物处理

操作人：　　　　　　　　　　　　　　　　　　　　　　　　　　　　　　记录人：

编制单位：白龟山水库白蚁治理研究小组　　　　　　　　　　　　　　　2006年4月17日至2006年5月1日　NO:03

桩号	顺河坝9+700	天气情况	晴	采取措施	打药
表象位置	在纵排水沟挖出和横排水沟交汇处下方1 m发现蚁道	表象特征		开挖位置	横排水沟上方4.5 m

蚁王、蚁后情况

主巢		副巢				主蚁道剖面情况	
距坝面距离（m）	主巢尺寸（长×宽×高）(cm×cm×cm)	结构特征	总巢数	空腔数	菌圃情况	最大副巢尺寸（长×宽×高）(cm×cm×cm)	宽（cm）	高（cm）
3.1	65×65×65						3.3	4.0

蚁群发育情况

名称	数量	腹长（cm）	总长（cm）	特征
蚁王	1个	5.0	1.1	
蚁后	1个	5.5	5.5	较胖

繁殖蚁、工蚁、兵蚁

主巢、副巢处理措施：主巢、副巢均以药物处理

操作人：　　　　　　　　　　　　　　　　　　　　　　　　　　　　记录人：

编制单位：白龟山水库白蚁治理研究小组

桩号	顺河坝 9+700	天气情况	晴	采取措施	人工开挖		2006 年 4 月 17 日至 2006 年 5 月 1 日　NO:04

表象位置	挖纵排水沟挖出蚁道,横排水沟下方 1 m 处	表象特征		开挖位置	9+690 处

蚁王、蚁后情况

	主巢				副巢				主蚁道剖面情况	
	结构特征		主巢尺寸(长×宽×高)(cm×cm×cm)	72×72×45	总巢数	空腔数 较多	菌圃情况 较少	最大副巢尺寸(长×宽×高)(cm×cm×cm) 29×29×20	宽(cm) 2.4	高(cm) 2.0

距坝面距离(m)：1.75

蚁群发育情况

名称	数量	特征	腹长(cm)	总长(cm)
蚁王	1 个		6.2	1.2
蚁后	1 个		6.8	6.8

繁殖蚁、工蚁、兵蚁

主巢、副巢处理措施：主巢、副巢均以药物处理

操作人：　　　　　　　　　　　　　　　　　　记录人：

编制单位：白龟山水库白蚁治理研究小组　　　　　　　　　　　　　2006年4月17日至2006年5月1日　NO:05

桩号	顺河坝12+100	天气情况	晴	采取措施	对下扎道挖开及灌药
表象位置	坝脚上方3 m	表象特征	泥线	开挖位置	12+190横排水沟下方1.2 m

蚁王、蚁后情况　　　　　　　　　蚁王逃跑

主巢

距巢面距离（m）	主巢尺寸（长×宽×高）（cm×cm×cm）
0.45	15×15×9

副巢

结构特征	总巢数	空巢数	菌圃情况	最大副巢尺寸（长×宽×高）（cm×cm×cm）
二层套合	6个		较小	

主蚁道剖面情况

宽（cm）	高（cm）
1.2	0.8

蚁群发育情况

名称	数量	腹长（cm）	总长（cm）	特征	繁殖蚁、工蚁、兵蚁
蚁王	逃跑				
蚁后	1个	3.5	4.0		

主巢、副巢处理措施　　　主巢、副巢均以药物处理

操作人：　　　　　　　　　　　　　　　　　　　　　　　　记录人：

编制单位：白龟山水库白蚁治理研究小组　　　　　　　　2006年4月17日至2006年5月1日　　NO:06

桩号	顺河坝 9+670	天气情况	晴	采取措施	人工开挖
表象位置	泥线在坝脚右上方 2.5 m	表象特征	泥线	开挖位置	蚁王逃跑

蚁王、蚁后情况

主巢			副巢				主蚁道剖面情况	
主巢尺寸(长×宽×高)(cm×cm×cm)	结构特征		总巢数	空腔数	菌圃情况	最大副巢尺寸(长×宽×高)(cm×cm×cm)	宽(cm)	高(cm)
75×75×80								
距项面距离(m)								
1.67								

蚁群发育情况

	特征	繁殖蚁、工蚁、兵蚁
		有黑翅成虫(长翅繁殖蚁)无六龄幼蚁

名称	数量	腹长(cm)	总长(cm)	特征
蚁王	逃跑			
蚁后	1个	5.6	6.0	腹宽 1.6 cm

主巢、副巢处理措施：主巢、副巢均以药物处理

操作人：　　　　　　　　　　　　　　　　　　　　　　　　记录人：

编制单位：白龟山水库白蚁治理研究小组

2006 年 4 月 17 日至 2006 年 5 月 1 日　NO:07

桩号	顺河坝 12+200	天气情况	晴	采取措施	人工开挖
表象位置	在坝脚内挖踏坑，挖出蚁道	表象特征		开挖位置	

主巢

距坝面距离（m）	主巢尺寸（长×宽×高）(cm×cm×cm)	结构特征	总巢数	空腔数	菌圃情况
1.36	72×72×63				

副巢

最大副巢尺寸（长×宽×高）(cm×cm×cm)	主蚁道剖面情况	
	宽（cm）	高（cm）
	3.2	4.0

蚁群发育情况

名称	数量	腹长（cm）	总长（cm）	特征
蚁王	1 个	0.7	1.2	
蚁后	1 个	5.0	5.5	较胖
繁殖蚁、工蚁、兵蚁				

蚁王、蚁后情况

主巢、副巢处理措施：主巢、副巢均以药物处理

操作人：　　　　　　　　　　记录人：

编制单位：白龟山水库白蚁治理研究小组　　　　　　　　2006 年 4 月 17 日至 2006 年 5 月 1 日　NO:08

桩号	顺河坝 11+900	天气情况	晴	采取措施	人工开挖
表象位置	护坡石上方	表象特征	泥线、泥被内大量白蚁	开挖位置	

蚁王逃跑

	主巢	副巢			主蚁道剖面情况	
结构特征	主巢尺寸（长×宽×高）（cm×cm×cm）	总巢数	空腔数	菌圃情况	最大副巢尺寸（长×宽×高）（cm×cm×cm）	宽（cm）	高（cm）
	27×30×25	10 个				3.2	2.5

蚁群发育情况

特征	繁殖蚁、工蚁、兵蚁

蚁王、蚁后情况

距坝面距离（m）：2.3

名称	数量	腹长（cm）	总长（cm）	特征
蚁王	逃跑			
蚁后	1 个	4.7	5.3	

主巢、副巢处理措施：主巢、副巢均以药物处理

操作人：　　　　　　　　　　　　　　　　　　　　　　记录人：

编制单位:白龟山水库白蚁治理研究小组　　2006年4月17日至2006年5月1日　NO:09

桩号	顺河坝10+000	天气情况	晴	采取措施	人工开挖
表象位置	导渗沟岸	表象特征	泥线、泥被	开挖位置	

一年龄

蚁王、蚁后情况

主巢		副巢					主蚁道剖面情况	
主巢尺寸(长×宽×高)(cm×cm×cm)	结构特征	总巢数	空腔数	菌圃情况	最大副巢尺寸(长×宽×高)(cm×cm×cm)		宽(cm)	高(cm)
10×10×9		1个						

距坝面距离(m)			
0.38			

蚁群发育情况

名称	数量	腹长(cm)	总长(cm)	特征
蚁王	1个	1.0	1.2	
蚁后	1个	1.6	2.0	

繁殖蚁、工蚁、兵蚁

主巢、副巢处理措施	主巢、副巢均以药物处理

操作人:　　　　　　　　　　　　　　　　记录人:

编制单位：白龟山水库白蚁治理研究小组

2006 年 4 月 17 日至 2006 年 5 月 1 日　NO:10

桩号	顺河坝 12+057	天气情况	晴	采取措施	人工开挖
表象位置	坝脚	表象特征	泥被、泥线	开挖位置	

二年龄

主巢		副巢					主蚁道剖面情况	
主巢尺寸(长×宽×高)(cm×cm×cm)	距坝面距离(m)	结构特征	总巢数	空腔数	菌圃情况	最大副巢尺寸(长×宽×高)(cm×cm×cm)	宽(cm)	高(cm)
15×15×13	0.30							

蚁群发育情况：繁殖蚁、工蚁、兵蚁

蚁王、蚁后情况

名称	数量	腹长(cm)	总长(cm)	特征
蚁王	1个	0.8	1.2	
蚁后	1个	2.8	3.3	

主巢、副巢处理措施：主巢、副巢均以药物处理

操作人：　　　　　　　　　　　　　　记录人：

编制单位：白龟山水库白蚁治理研究小组　　　　2006 年 4 月 17 日至 2006 年 5 月 1 日　NO:11

桩号	顺河坝 12+040	天气情况	阴	采取措施	人工开挖
表象位置	护坡石上方 2.5 m	表象特征	泥线、泥被	开挖位置	

蚁王、蚁后情况

主巢

距坝面距离（m）	主巢尺寸（长×宽×高）（cm×cm×cm）	结构特征
2.5	65×70×65	

副巢

总巢数	空腔数	菌圃情况	最大副巢尺寸（长×宽×高）（cm×cm×cm）
13 个	4 个		28×20×13

主蚁道剖面情况

宽（cm）	高（cm）
3.2	3.5

蚁群发育情况

特征	繁殖蚁、工蚁、兵蚁

名称	数量	腹长（cm）	总长（cm）
蚁王	1 个	0.9	1.4
蚁后	1 个	5.3	5.8

主巢、副巢处理措施：主巢、副巢均以药物处理

操作人：　　　　　　　　记录人：

编制单位：白龟山水库白蚁治理研究小组　　　　　　　　2006 年 4 月 17 日至 2006 年 5 月 1 日　NO:12

桩号	顺河坝 11+890	天气情况	阴	采取措施	人工开挖
表象位置	坝脚 2 m	表象特征	泥线、泥被	开挖位置	横排水沟下方 2.5 m

蚁王、蚁后情况

主巢		副巢				主蚁道剖面情况	
主巢尺寸（长×宽×高）（cm×cm×cm）	结构特征	总巢数	空腔数	菌圃情况	最大副巢尺寸（长×宽×高）（cm×cm×cm）	宽（cm）	高（cm）
75×75×80		16 个					

距坝面距离（m）：0.92

蚁群发育情况

名称	数量	腹长（cm）	总长（cm）	特征
蚁王	1 个	0.8	1.2	繁殖蚁、工蚁、兵蚁
蚁后	1 个	6.0	6.5	

主巢、副巢处理措施　主巢、副巢均以药物处理

操作人：　　　　　　　　　　　　　　　　　　　　　　　　记录人：

编制单位：白龟山水库白蚁治理研究小组　　　　2006 年 4 月 17 日至 2006 年 5 月 1 日　NO:13

桩号	顺河坝 11+850	天气情况		采取措施	人工开挖
表象位置	坝脚右上	表象特征		大量泥线、泥被	开挖位置

蚁王、蚁后情况

主巢

距坝顶面距离（m）	主巢尺寸（长×宽×高）(cm×cm×cm)	结构特征
0.5	30×40×21	

副巢

总巢数	空腔数	菌圃情况	最大副巢尺寸（长×宽×高）(cm×cm×cm)	主蚁道剖面情况 宽（cm）	高（cm）
14 个			20×19×13		

蚁群发育情况

名称	数量	腹长（cm）	总长（cm）	特征
蚁王	1 个	0.7	1.2	
蚁后	1 个	5.0	5.5	
繁殖蚁、工蚁、兵蚁				

主巢、副巢处理措施	主巢、副巢均以药物处理

操作人：　　　　　　　　　　　　　　　　记录人：

编制单位：白龟山水库白蚁治理研究小组　　　　　　2000 年 10 月 13 日至 2000 年 11 月 27 日　NO:14

桩号	顺河坝 10+300	天气情况		采取措施	人工开挖
表象位置		表象特征		开挖位置	

蚁王、蚁后情况

主巢

距坝面距离（m）	主巢尺寸（长×宽×高）（cm×cm×cm）	结构特征

副巢

总巢数	空腔数	菌圃情况	最大副巢尺寸（长×宽×高）（cm×cm×cm）	主蚁道剖面情况	
				宽（cm）	高（cm）
9 个					

蚁群发育情况

名称	数量	腹长（cm）	总长（cm）	特征
蚁王	1 个			
蚁后				
繁殖蚁、工蚁、兵蚁				

主巢、副巢处理措施　　主巢、副巢均以药物处理

操作人：　　　　　　　　　　　　　　　　记录人：

编制单位：白龟山水库白蚁治理研究小组　　　　2000年10月13日至2000年11月27日　NO:15

桩号	顺河坝9+550	天气情况		采取措施	人工开挖
表象位置		表象特征		开挖位置	

蚁王、蚁后情况

主巢

距坝面距离（m）	主巢尺寸（长×宽×高）（cm×cm×cm）	结构特征

副巢

总巢数	空腔数	菌圃情况	最大副巢尺寸（长×宽×高）（cm×cm×cm）
8个			

主蚁道剖面情况

宽（cm）	高（cm）

蚁群发育情况

名称	数量	腹长（cm）	总长（cm）	特征
蚁王	1个			
蚁后	1个			
繁殖蚁、工蚁、兵蚁				

主巢、副巢处理措施：主巢、副巢均以药物处理

操作人：　　　　　　　　　　记录人：

编制单位：白龟山水库白蚁治理研究小组

桩号	顺河 9+552	天气情况		采取措施	人工开挖	2000 年 10 月 13 日至 2000 年 11 月 27 日　NO:16

表象位置			表象特征		开挖位置	

蚁王、蚁后情况

主巢

	主巢尺寸（长×宽×高）（cm×cm×cm）		结构特征			副巢	总巢数	空腔数	菌圃情况	最大副巢尺寸（长×宽×高）（cm×cm×cm）		主蚁道剖面情况	宽（cm）	高（cm）
距坝面距离（m）							46 个							

蚁群发育情况

名称	数量	腹长（cm）	总长（cm）	特征	繁殖蚁、工蚁、兵蚁
蚁王	1 个				
蚁后	1 个				

主巢、副巢处理措施	主巢、副巢均以药物处理

操作人：　　　　　　　　　　　　　　　　　　　记录人：

编制单位：白龟山水库白蚁治理研究小组

桩号	顺河坝 9+556	天气情况		采取措施	人工开挖	2000 年 10 月 13 日至 2000 年 11 月 27 日　NO:17

表象位置		表象特征		开挖位置	

主巢　蚁王、蚁后情况

距坝面距离（m）	主巢尺寸（长×宽×高）（cm×cm×cm）	结构特征

副巢

最大副巢尺寸（长×宽×高）（cm×cm×cm）	菌圃情况	空腔数	总巢数
			10 个

主蚁道剖面情况

宽（cm）	高（cm）

蚁群发育情况　繁殖蚁、工蚁、兵蚁

名称	数量	腹长（cm）	总长（cm）	特征
蚁王	1 个			
蚁后	1 个			

主巢、副巢处理措施：主巢、副巢均以药物处理

操作人：　　　　　　　　　　　　　记录人：

编制单位:白龟山水库白蚁治理研究小组　　　　　　　　　　　　2000年10月13日至2000年11月27日　NO:18

桩号	顺河坝 9+600	天气情况		采取措施	人工开挖
表象位置		表象特征		开挖位置	

蚁王、蚁后情况

名称	数量	腹长(cm)	总长(cm)	距坝面距离(m)
蚁王	1个			
蚁后	1个			

主巢

主巢尺寸(长×宽×高)(cm×cm×cm)	结构特征

副巢

总巢数	空腔数	菌圃情况	最大副巢尺寸(长×宽×高)(cm×cm×cm)
15 个			

主蚁道剖面情况

宽(cm)	高(cm)

蚁群发育情况

特征	繁殖蚁、工蚁、兵蚁

主巢、副巢处理措施	主巢、副巢均以药物处理

操作人:　　　　　　　　　　　　　　　　　　　　　记录人:

编制单位:白龟山水库白蚁治理研究小组　　　　　　　2000年10月13日至2000年11月27日　NO:19

桩号	顺河坝鱼陵以东 5+615	天气情况		采取措施	人工开挖
表象位置		表象特征		开挖位置	

蚁王、蚁后情况

主巢	距坝面距离(m)	主巢尺寸(长×宽×高)(cm×cm×cm)	结构特征

副巢	总巢数	空腔数	菌圃情况	最大副巢尺寸(长×宽×高)(cm×cm×cm)
	26个			

主蚁道剖面情况	宽(cm)	高(cm)

蚁群发育情况

名称	数量	腹长(cm)	总长(cm)	特征
蚁王	1个			
蚁后	1个			
繁殖蚁、工蚁、兵蚁				

主巢、副巢处理措施：主巢、副巢均以药物处理

操作人：　　　　　　　　　　　　　　　记录人：

编制单位:白龟山水库白蚁治理研究小组　　　　　　　　　　　2002年4月17日至2002年4月20日　NO:20

桩号	顺河坝2+585	天气情况		采取措施	人工开挖
表象位置		表象特征		开挖位置	

蚁王、蚁后情况

主巢

主巢尺寸(长×宽×高)(cm×cm×cm)		
距坝面距离(m)		
结构特征		

副巢

总巢数	空腔数	菌圃情况	最大副巢尺寸(长×宽×高)(cm×cm×cm)	主蚁道剖面情况	
				宽(cm)	高(cm)
7个					

蚁群发育情况

名称	数量	腹长(cm)	总长(cm)	特征
蚁王	1个			繁殖蚁、工蚁、兵蚁
蚁后	1个			属成龄蚁巢

主巢、副巢处理措施: 主巢、副巢均以药物处理

操作人:　　　　　　　　　　　　　　　　　　　　　　记录人:

编制单位：白龟山水库白蚁治理研究小组

2002 年 4 月 17 日至 2002 年 4 月 20 日　NO:21

桩号	顺河坝 5+585	天气情况		采取措施	人工开挖
表象位置		表象特征		开挖位置	

蚁王、蚁后情况

主巢	主巢尺寸（长×宽×高）（cm×cm×cm）		结构特征		

副巢	最大副巢尺寸（长×宽×高）（cm×cm×cm）	菌圃情况	空腔数	总巢数	结构特征
				2 个	

主蚁道剖面情况	高（cm）	宽（cm）

距坝面距离（m）

蚁群发育情况：繁殖蚁、工蚁、兵蚁　属成龄蚁巢　特征

名称	数量	腹长（cm）	总长（cm）	特征
蚁王	1 个			
蚁后	1 个			

主巢、副巢处理措施：主巢、副巢均以药物处理

操作人：　　　　　　记录人：

编制单位：白龟山水库白蚁治理研究小组　　2002年4月17日至2002年4月20日　NO:22

桩号	顺河坝3+675	天气情况		采取措施	人工开挖
表象位置		表象特征		开挖位置	

蚁王、蚁后情况						

主巢

距坝面距离(m)	主巢尺寸（长×宽×高）(cm×cm×cm)	结构特征	总巢数	空腔数	菌圃情况	最大副巢尺寸（长×宽×高）(cm×cm×cm)
			35 个			

副巢

	主蚁道剖面情况	
	宽（cm）	高（cm）

蚁群发育情况

特征	繁殖蚁、工蚁、兵蚁
	属成龄蚁巢

名称	数量	腹长（cm）	总长（cm）
蚁王	1 个		
蚁后	1 个		

主巢、副巢处理措施：主巢、副巢均以药物处理

操作人：　　　　　　　　　　　　　　　　　　记录人：

编制单位：白龟山水库白蚁治理研究小组　　　　　　　　　　　　　2002 年 4 月 17 日至 2002 年 4 月 20 日　NO:23

桩号	顺河坝 5+586	天气情况		采取措施	人工开挖
表象位置		表象特征		开挖位置	

蚁王、蚁后情况

	主巢		副巢		主蚁道剖面情况	
距坝面距离（m）	主巢尺寸（长×宽×高）(cm×cm×cm)	结构特征	最大副巢尺寸（长×宽×高）(cm×cm×cm)	总巢数	宽（cm）	高（cm）
				空腔数		
				菌圃情况		
				4 个		

蚁群发育情况

名称	数量	腹长（cm）	总长（cm）	特征
蚁王	1 个			繁殖蚁、工蚁、兵蚁
蚁后	1 个			属成龄蚁巢

主巢、副巢处理措施	主巢、副巢均以药物处理

操作人：　　　　　　　　　　　　　　　　　　　　　　　　记录人：

9+150 处挖出的主巢

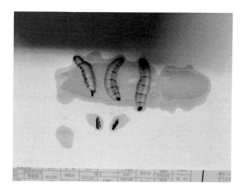

二王三后

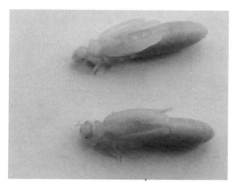

刚刚长出翅膀的繁殖蚁

黑翅土白蚁产的蚁卵

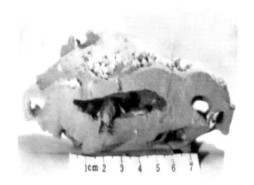

王后在工蚁臣民精制的王宫内

婚配后的"小两口"齐心协力赶紧修筑"洞房"

切开的飞群孔内爬出黑翅土白蚁、长翅繁殖蚁

30年以上龄期的蚁后

砂中蚁巢

15~20年龄期的蚁后

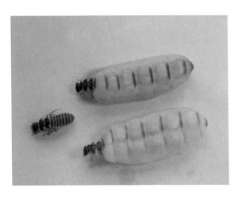

一王二后

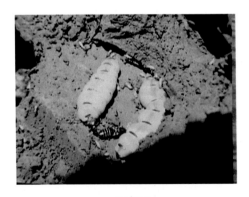

一王二后

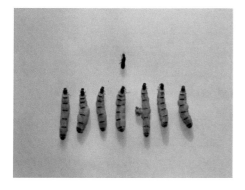

一王七后

一王三后

一王四后

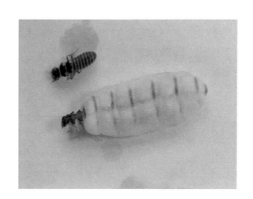

一王一后

一王一后

蚁后

蚁后在产卵

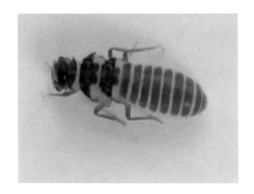

蚁王

长翅繁殖蚁

正在追逐嬉戏的"小两口"

最初的蚁王蚁后